高职高专规划教材

环境工程计算机辅助设计

罗 敏 主编

化学工业出版社

北 京

本书共计 5 章，主要介绍 AutoCAD 2008 软件中绘图命令与编辑命令、天正建筑的基本知识、环境工程专业绘图的方法、图纸打印的方法等内容。本书基于 AutoCAD 2008，和以其内核开发的天正建筑 8.2 两款软件介绍相关内容，目的是让读者能够从根本上了解、熟悉、掌握 AutoCAD 的用法，从而能够独立地运用上述软件进行绘图，更可在实践中摸索出一套适合自己操作规律的绘图方法，更好地完成整套设计图纸的绘制。

本书根据高职高专的教学方针和教学大纲，按照由浅入深、先基础再提高、图文并茂的方式进行编写。

本书为高职高专环境类专业的教材，也可供环境工程从业人员学习专业电脑绘图参考。

图书在版编目 (CIP) 数据

环境工程计算机辅助设计/罗敏主编. —北京：化学
工业出版社，2012.1
高职高专规划教材
ISBN 978-7-122-12996-3

Ⅰ. 环… Ⅱ. 罗… Ⅲ. 环境工程-计算机辅助设计
Ⅳ. X5-39

中国版本图书馆 CIP 数据核字（2011）第 259743 号

责任编辑：王文峡 文字编辑：云 雷
责任校对：吴 静 装帧设计：尹琳琳

出版发行：化学工业出版社（北京市东城区青年湖南街 13 号 邮政编码 100011）
印 装：北京白帆印务有限公司
787mm×1092mm 1/16 印张 13¼ 字数 289 千字 2012 年 3 月北京第 1 版第 1 次印刷

购书咨询：010-64518888（传真：010-64519686） 售后服务：010-64518899
网 址：http://www.cip.com.cn
凡购买本书，如有缺损质量问题，本社销售中心负责调换。

定 价：26.00 元 版权所有 违者必究

前　言

自 20 世纪 90 年代开始推广以来，AutoCAD 软件至今已普遍应用于机械、建筑、电子、纺织、化工、环境等行业的工程设计中，其中环境行业对该方面的人才更表现出强烈的市场需求。以此为依托，编者对当前市面上相关书籍进行了细致考察，初步掌握了读者的需求。

首先，天正建筑软件（TArch）是目前广泛使用的计算机绘图软件之一，它是基于 AutoCAD 平台上开发研制的，具有强大的编辑功能和良好的界面。本教材采用 AutoCAD 2008 和天正建筑 8.2 两个软件，主要面向环境监测与治理技术专业的高职类学生，也可适用于环境工程从业人员学习专业的电脑绘图，填补了目前大部分书籍并未使用以上软件所留下来的空白。

其次，传统教材习惯上按照命令来划分目录内容，囿于单个机械性指令的传授，无法达到统筹综合运用之效。本教材以现行的教学理念为切入点，创新性地按项目来划分教材，通过数个具有代表性的项目操作，综合运用多个命令来完成图元的绘制，达到以感染式学习取代传统复制式学习的目的。

再者，有别于传统教材"理论"和"实践"的分线发展，本教材收集了多套环境工程的设计图纸，并坚持以实际工程的图纸贯穿全书，真正做到理论联系实际。

此外，本教材根据高职高专的教学方针，按照由浅入深、先基础再提高的层次进行编写，图文并茂，易于学生理解。考虑到专业高职高专学生的特点，本教材没有涉及 AutoCAD 的二次开发和三维绘图的部分。教材的编写注重如何提高读者的绘图速度，让读者可以更快地完成图纸绘制。

编者一直从事环境工程计算机辅助设计的教学工作，同时也经常参与实际工程的设计，收集了多套环境工程的设计图纸。教材的编写以实际工程的图纸贯穿全书，并辅以相类似的图纸作为练习。本书一共分为 5 章。前两章利用简单的污水处理构筑物或一些污水处理部件项目，介绍 AutoCAD 2008 的应用；第三章介绍天正建筑 8.2 的基本知识；第四章用几份环境工程的图纸，编排多个教学项目，综合利用天正建筑和 AutoCAD 软件，完成环境工程专业绘图；第五章介绍图纸打印的方法。第三章及其后面的章节可供有 AutoCAD 基础的读者阅读。

本书由广东建设职业技术学院罗敏任主编，广东建设职业技术学院王玲，广东建设职业技术学院郑影奇参加编写，具体编写分工如下：第一章第八节由郑影奇编写，第二章第四～九节、十三节由王玲编写，其余章节由罗敏编写，并负责全书统稿及修改。

由于编者水平有限，加之时间仓促，书中不妥之处在所难免，敬请读者批评指正。

编者
二〇一一年九月于穗城

目　录

第一章 AutoCAD安装配置与绘图准备

> AutoCAD 软件现已是广为流行的绘图工具。本章通过对其系统配置、工作界面、图形文件的管理、绘图环境的设定、鼠标的操作方法、坐标系与坐标值、设置精确绘图的辅助功能等内容的介绍，使读者对 AutoCAD 2008 有一个初步的了解。

第一节 系 统 配 置

为正常运行 AutoCAD 2008，用户计算机的软硬件配置应满足如下要求。

（1）操作系统：Windows 2000 SP4，Windows XP 或以上操作系统。

（2）浏览器：Internet Explorer 6.0 SP1 或更高版本。

（3）CPU：至少 Pentium Ⅲ 或 Pentium 4（建议使用 Pentium 4）800MHz。

（4）内存：512MB 或更大。

（5）显卡：至少 1024×768 真彩色，拥有 Open GL，并且必须安装支持硬件加速的 DirectX9.0c 或更高版本的显卡。

（6）硬盘：硬盘可用空间不低于 750MB。

（7）其他设备：光驱、鼠标、键盘、打印机、绘图仪等。

第二节 软件的工作界面

AutoCAD 2008 有两种风格界面，一种是"AutoCAD 经典"风格，如图 1-1 所示，主要用于绘制二维图形，当然也可以进行三维建模；另一种是"三维建模"风格，可以通过工作空间工具栏切换。此界面中，会弹出一些三维建模命令面板，更便于创建三维模型。本书的所有操作均在"AutoCAD 经典"风格界面下进行。

1. 菜单栏

菜单栏提供了 AutoCAD 软件系统命令执行的操作。若干下拉式菜单还含有不同级的子菜单，利用下拉菜单栏可实现 AutoCAD 软件系统大部分绘图功能的操作。

菜单栏中的 Express 代表 Express Tools（快捷工具）。只有在安装 AutoCAD 过程中选择安装了 Express Tools，才会出现这项菜单。Express Tools 是 Autodesk 公司开发的、随 AutoCAD 附赠的、可以提高工作效率的工具包，里面提供了一些针对绘图、编辑、标注、图层、图块、布局、文字等的快捷操作命令。

2. 工具栏

工具栏位置可以调整，它提供了另一种执行命令的操作方法。

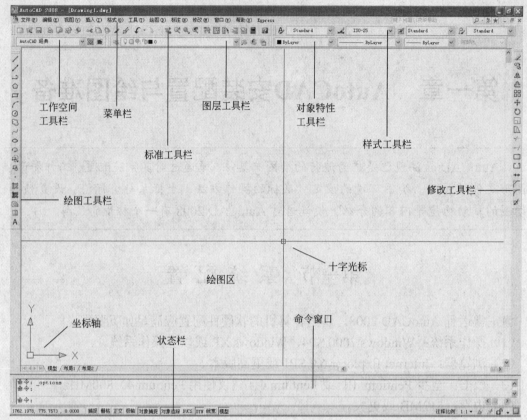

图 1-1　软件的工作界面

3. 命令窗口

命令窗口滚动显示绘图操作最近的几条命令操作信息，可以借助鼠标改变命令窗口的大小和位置。

4. 文本显示窗口

文本显示窗口显示命令操作的文本信息记录，由功能键【F2】键控制打开或关闭。

第三节　图形文件的管理

一、创建新图形文件

（1）单击菜单"文件"→"新建"或单击工具栏中"新建"按钮 ，弹出"选择样板"对话框，如图 1-2 所示。

（2）在"选择样板"对话框中，从列表中选择一个样板，可以从右侧预览窗口看到选择样板的图像。如果需要空白的模板可以选择"acad.dwt"或"acadiso.dwt"。

（3）单击"打开"按钮，可以将选中的样板文件作为样板来创建新图形。如果不想使用样板文件创建一个新图形，请单击"打开"按钮旁边的箭头。

二、打开已有图形文件

单击菜单"文件"→"打开"或单击工具栏中"打开"按钮 ，然后选择要打开的图形文件，如图 1-3 所示。

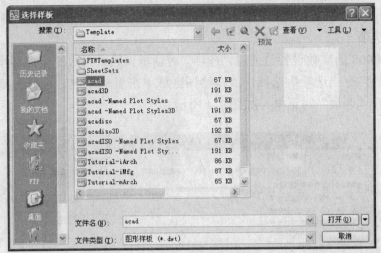

图 1-2　"选择样板"对话框

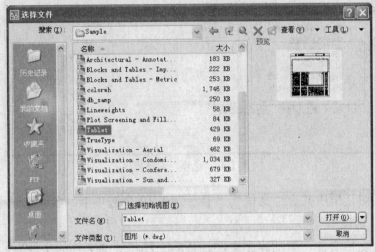

图 1-3　"选择文件"对话框

三、保存已有图形文件

1. 保存

（1）用键盘上的【Ctrl+S】快捷键来进行保存；

（2）选择菜单"文件"→"保存"选项来保存文件；

（3）单击工具栏中的"保存"按钮；

（4）在命令栏中输入"QSAVE"命令。

2. 另保存

选择菜单"文件"→"另保存"选项，打开"图形另存为"对话框。在默认情况下，文件以"*.dwg"格式保存。

第四节　绘图环境的设定

在环境工程图中，为了能更加准确地绘制图形，通常要在绘图前根据设计要求对绘图环境进行设置。设置符合要求和习惯的绘图环境是减少错误、提高效率的前提。

一、参数选项

AutoCAD 2008 的参数设置是通过"选项"对话框，然后再改变绘图环境的内容。用户通过菜单"工具"→"选项"选项，或在绘图区域单击鼠标右键，选择快捷菜单中的"选项"命令，打开"选项"对话框，如图 1-4 所示。

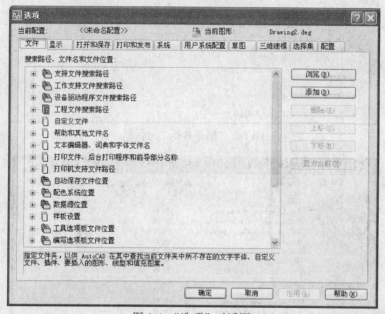

图 1-4 "选项"对话框

在"选项"对话框中共有"文件"、"显示"等 10 个选项卡。各个选项卡的含义如下。

1. "文件"选项卡

列出了搜索支持文件、驱动程序文件、菜单文件和其他文件的文件夹，还列出了用户的可选设置。

2. "显示"选项卡

用于自定义 AutoCAD 2008 的显示，如窗口元素特性、显示精度、布局元素、显示功能、十字光标的大小和参照编辑的对照色等。

【例 1-1】 在 AutoCAD 2008 中默认的绘图窗口背景颜色是黑色，对于习惯在白纸上绘图的设计者来说，也许对黑色的绘图背景不是很适应。此时，可以根据需要改变绘图背景的颜色。具体操作如下：

（1）单击"显示"选项卡中的"颜色"按钮；

（2）打开"图形窗口颜色"对话框，在"背景"列表框中选择要设置背景色的窗口类型，在"界面元素"列表框中选择要设置的窗口的元素，然后在"颜色"下拉列表框中选择所需的颜色即可，如图 1-5 所示。

3. "打开和保存"选项卡

用于控制打开和保存文件的相关选项。在这里可以设定文件的保存类型。

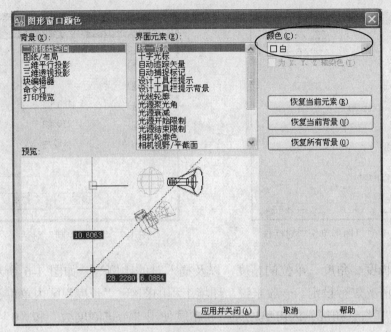

图 1-5　设置绘图窗口的背景颜色

4. "打印和发布"选项卡

控制与打印和发布相关的选项。

5. "系统"选项卡

控制关于 AutoCAD 2008 的系统设定。

6. "用户系统配置"选项卡

控制优化工作方式的选项。在该选项卡中，可以设置关于坐标输入时右键的动作、坐标数据输入时 AutoCAD 的反应、执行特殊功能时对象排序的方式等操作。具体案例可参考本书第六节"五"右击章节。

7. "草图"选项卡

设置多个编辑功能的选项（包括自动捕捉和自动追踪）。

8. "三维建模"选项卡

设置三维中使用视图和曲面的选项。

9. "选择集"选项卡

控制对象选取方法、拾取框及夹点的大小。

10. "配置"选项卡

利用"配置"选项卡可以保存和恢复以前的设置。

二、图形单位

在 AutoCAD 2008 中，默认情况下采用 1:1 的比例因子绘制图形，所有图形对象都以真实大小进行绘制。具体操作如下。

单击菜单"格式"→"单位"选项，打开"图形单位"对话框。在该对话框中可设置

图 1-6 "图形单位"对话框

图 1-7 "方向控制"对话框

绘图时使用的长度、角度、单位的精度，以及插入时的比例等，如图 1-6 所示。用户可根据工程的实际情况进行设定。一般来说，环境工程的图纸 "长度"区内单位类型和精度使用 "小数"和 "0"；"角度"区内单位类型和精度使用 "十进制度数"和 "0"；"插入比例"区单位使用 "毫米"。

在 "图形单位"对话框中，单击 "方向"按钮，可在打开的 "方向控制"对话框中设置起始角度的方向，如图 1-7 所示。

三、设置绘图界限

图形界限就是指可用于绘制图形的区域范围。

（1）单击菜单 "格式"→ "图形界限"选项或在命令栏输入 "LIMITS"命令，在命令行中提示：

"指定左下角点或 [开 (ON)/关 (OFF)] <0.0000,0.0000>：【回车】

指定右上角点 <420.0000,297.0000>："。

（2）图形界限的右下角坐标按绘图需要的图纸尺寸进行设置。

（3）输入【Z】(即 Zoom 命令)，确认。

（4）输入【A】，按【回车】键，以便将所设图形界限全部显示在屏幕上。

四、工具栏

在 AutoCAD 中，可以利用以下三种方法完成绘图工作：一种是在命令行中直接输入命令；一种是单击菜单中的选项；另一种是单击工具栏中的图标按钮。工具栏由许多图标表示的命令按钮组成，在 AutoCAD 2008 中，系统提供了 20 多个已命名的工具栏，如图 1-8 所示。若想添加或删除工具栏，可以利用右击任意工具栏，然后在弹出的快捷菜单上选择显示或关闭相应的工具栏。

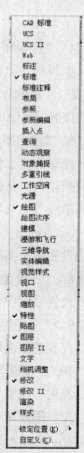

图 1-8 工具栏
快捷菜单

第五节　重复、中断、终止和撤销与重做命令

在使用 AutoCAD 软件进行环境工程图纸的绘制操作时，经常需要做命令的重复、中断、撤销与重做的操作。这些操作是 AutoCAD 软件系统的基本操作。

一、重复命令

（1）在命令窗口的"命令"等待状态下，按下键盘【回车】或【空格】键可以重复调用刚刚使用过的操作命令；

（2）在图形显示区单击鼠标右键，在弹出的快捷菜单中，选择所需的重复操作命令也可以完成重复调用命令的操作。

二、中断命令

在命令的执行过程，按键盘上的【Esc】键可以完成中断当前命令执行的操作。

三、终止命令

（1）在完成命令相对应提示后，在绘图窗口单击右键打开快捷菜单，选择"确认"选项；

（2）在命令窗口中按【回车】键。

四、撤销已操作的命令

（1）在命令行输入"Undo"或"U"，按【回车】或【空格】键；

（2）单击"编辑"→"放弃"选项；

（3）单击工具栏中的"放弃"按钮　。

在使用 AutoCAD 软件系统进行工程图绘制的操作过程中，以上操作必须在有其他命令操作的情况下才可以操作。

五、重做已撤销的命令

（1）在命令行输入"Redo"，按【回车】或【空格】键；

（2）单击"编辑"→"重做"选项；

（3）单击工具栏中的"重做"按钮　。

在使用 AutoCAD 软件系统进行工程图绘制的操作过程中，以上操作必须在有撤销命令操作的情况下才可以操作。

第六节　鼠标的操作

鼠标操作是 AutoCAD 中最基本的操作方法，通过鼠标可以实现选取菜单和单击工具栏图标等 Windows 标准操作，还可以通过鼠标左键在绘图中实现定位点、选取对象、拖动对象等 AutoCAD 基本操作。

一、指向

将鼠标光标移至某一工具栏，此时系统会在提示框显示该工具按钮的名称，同时在状态栏上显示该工具的相关帮助信息。

二、单击

单击左键可以确定光标的位置、打开下拉菜单、工具栏图标或在绘图区选取要编辑的物体等。也可以更改状态栏上的"捕捉"、"对象追踪"等按钮的开关状态。

三、双击

双击鼠标左键用于打开文件（选取要打开的文件名，然后用鼠标左键双击即可打开选取的文件，这样可省去单击"打开"或"确定"按钮的操作），也可以双击图元查询其特性或进入图元编辑状态。

四、拖动

按住左键并移动鼠标光标，在 AutoCAD 中可进行视图缩放、视图平移等操作。

五、右击

在 AutoCAD 中根据用户系统配置的不同，单击右键的含义也不同。一种可设置为单击鼠标右键而弹出快捷菜单，另一种可设置为单击鼠标右键等同于按 Enter 键。实现后者的具体设置如下（见图 1-9）：

（1）打开菜单"工具"→"选项"→"用户系统配置"对话框；

（2）取消"Windows 标准操作"区中的"绘图区域中使用快捷菜单"。

六、【Shift】键+右击

当按住【Shift】键后单击鼠标右键，系统将弹出一个快捷菜单，其中可以设置捕捉点的各种方法，如图 1-10 所示。

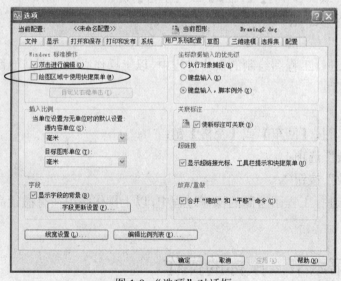

图 1-9　"选项"对话框

图 1-10　捕捉点快捷菜单

第七节　对象的选取方式

在 AutoCAD 2008 绘图中，很多操作命令需要选择对象。当命令行提示"选择对象："时，光标形状会由"十"字变成拾取框"□"。这时便可以通过以下方法选择编辑对象，被选择的对象以虚线形式显示。

一、直接选取

这是 AutoCAD 默认的选择方式。用拾取框（□）直接选择待选对象，每次只能选择一个对象。

二、窗口选取（从左往右选取）

窗口选取，又称框选。它是利用鼠标将拾取框移动到待选对象的左上方或左下方，单击鼠标左键后，再利用鼠标将拾取框移动到待选对象的右下方或右上方（此时拾取框变大），并单击鼠标左键。如图 1-11(a)、(b) 所示，B 线被选择。

三、交叉选取（从右往左选取）

交叉选取，又称叉选。它是利用鼠标将拾取框移动到待选对象的右边，单击鼠标左键后，再利用鼠标将拾取框移动到待选对象的左边（此时拾取框变大、变虚），并单击鼠标左键。如图 1-11(c)、(d) 所示，A 线、B 线均被选择。

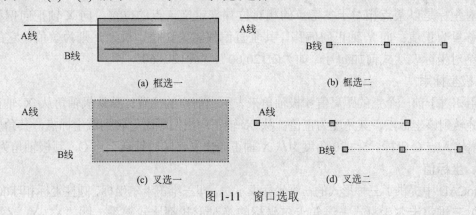

图 1-11　窗口选取

第八节　坐标系与坐标值

在 AutoCAD 中，绘制的图形都是线、圆和文字等绘图要素的集合。坐标系是为了能够使这些绘图要素的位置、大小和方向等得到精确的定位。坐标系分为世界坐标系 (WCS) 和用户坐标系 (UCS)。在默认情况下，绘制新图形时，当前坐标系为世界坐标系 (WCS)。

一、坐标系与坐标值

1. 世界坐标系

世界坐标系（WCS）是 AutoCAD 2008 的基本坐标系，也是系统默认的坐标系。世界坐标系由 3 个相互垂直的坐标轴组成，屏幕平面内水平向右为 X 轴正方向，屏幕平面内垂直向上为 Y 轴正方向，垂直于屏幕平面指向为 X 轴使用者的方向为 Z 轴正方向，3 个坐标轴的交点为坐标系的坐标原点。在世界坐标系下工作时，世界坐标系的坐标原点和坐标轴的方向保持恒定不变。坐标系均可以在坐标工具条中调出，如图 1-12 所示。

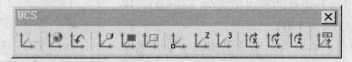

图 1-12　"坐标系工具条"对话框

2. 用户坐标系

用户坐标系（UCS）是 AutoCAD 2008 中的可变坐标系，该坐标系的坐标原点和坐标轴的方向可以根据用户的具体需要而改变。默认情况下，世界坐标系和用户坐标系互相重合，用户可以在绘图过程中根据需要定义用户坐标系，如图 1-13 所示。

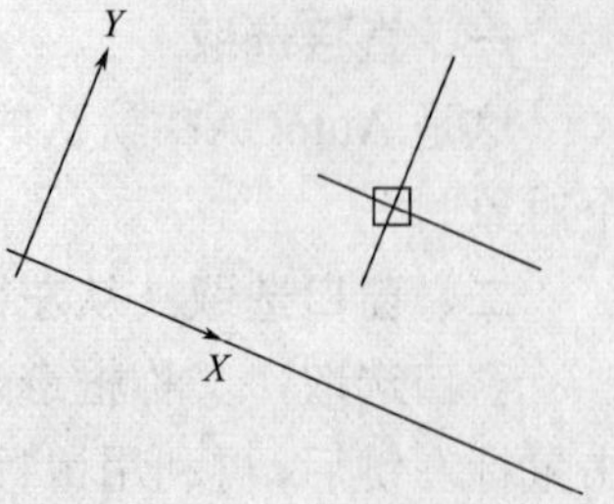

图 1-13　用户坐标系

3. 绝对坐标系

以坐标原点（0,0,0）为基点来定位其他所有点。用户可以通过输入（X,Y,Z）坐标来确定一个点在坐标系中的位置。X 值表示此点在 X 轴方向到原点间的距离；Y 值表示此点在 Y 轴方向到原点间的距离；Z 值表示此点在 Z 轴方向到原点间的距离。

绝对坐标又可以分为绝对直角坐标和绝对极坐标。

4. 相对坐标系

相对坐标是以某点相对于参考点的相对位置来定义该点的位置。向 X 轴正向偏移，其水平偏移量为正值；向 Y 轴正向偏移，其垂直偏移量为正值。反之，则为负值。它的表示方法是绝对坐标表达式前加@号，如"@120,60"、"@120<60"等。

5. 极坐标系

使用相对于前一个点的距离值和极轴角来表示当前点的位置。默认极轴角从 X 轴正向出发逆时针转到该坐标点，其角度为正值；从 X 轴正向出发顺时针转到该坐标点，其角度为负值。键盘输入点 C 坐标：5<-30,角度为从 X 轴正向出发，顺时针转至点 C，其极轴角为负值。

二、坐标值

AutoCAD 中提供了三种形式的三维坐标表示法，即三维笛卡尔坐标、圆柱坐标和球面坐标。

（1）三维笛卡尔坐标：三维笛卡尔坐标的绝对形式都比较熟悉，即"X，Y，Z"。如果基于前一个点输入，则要使用相对坐标形式，即在坐标差前加符号"@"，如"@ΔX，ΔY，ΔZ"。

（2）圆柱坐标：圆柱坐标是在二维极坐标表示的基础上又增加 Z 坐标值。例如，坐标"10<60，20"表示某点在 XY 平面上投影点与原点的连线长度为 10 个单位且该连线与 X 轴的夹角为 60°，该点的 Z 值为 20。圆柱坐标也有相对的坐标形式，它也是在前面加符号"@"，如"@10<45，30"。

（3）球面坐标：球面坐标类似于二维极坐标。在定点时需分别指定该点与当前坐标系原点的距离，二者连线在 XY 平面上的投影与 X 轴的角度，以及连线与 XY 平面的角度。例如，坐标"10<45<60"表示一个点，它与原点的连线长度为 10 个单位，连线在 XY 平面上的投影与 X 轴的夹角为 45°，该连线与 XY 平面的夹角为 60°。同样，相对形式也是在前面加符号"@"。

例如，某一直线的起点坐标为（5,5）、终点坐标为（10,5），则终点相对于起点的相对坐标为（@5,0），用相对极坐标表示应为（@5<0）。

值得说明的是：所有符号与数字必须在英文状态下输入。

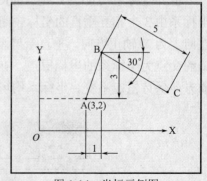

图 1-14　坐标示例图

【例1-2】　如图 1-14 绘制 AB 和 BC 两条直线段，在命令行中输入：

（1）line。　　　　　　　　　　　　　　//激活直线命令

（2）"指定第一点"：3,2。　　　　　　　//输入点 A 绝对坐标：3,2

（3）"指定下一点或 [放弃 (U)]："@1,3　　//输入点 B 相对坐标：@1,3

（4）"指定下一点或 [放弃 (U)]："@5<-30　//输入点 C 极坐标：@5<-30

（5）"指定下一点或 [放弃 (U)]："　　　　//在绘图窗口单击鼠标右键，在弹出
　　　　　　　　　　　　　　　　　　　　　的菜单中选择"确认"即可。

第九节　设置精确绘图的辅助功能

为了提高 AutoCAD 绘图的高效性和准确性，可以使用 AutoCAD 提供的辅助功能。具体包括设置栅格和捕捉、设置正交模式、设置对象捕捉，如图 1-15 所示。

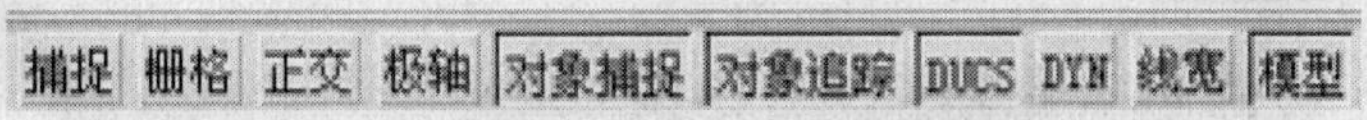

捕捉　栅格　正交　极轴　对象捕捉　对象追踪　DUCS　DYN　线宽　模型

图 1-15　AutoCAD 绘图辅助功能

一、设置捕捉和栅格

通过使用捕捉和栅格功能，可以精确定位图形的位置。捕捉主要控制鼠标光标移动的距离，而栅格主要是在绘图窗口中显示为一些小点，点与点之间有一定的距离，可以为设计人员提供更加直观的距离和位置参照。

1. 启动的方法

（1）单击状态栏中的 " 捕捉 " 和 " 栅格 " 按钮；

（2）按【F9】键打开或关闭捕捉功能，按【F7】键打开或关闭栅格功能。

（3）单击菜单"工具"→"草图设置"→"捕捉和栅格"选项，打开如图 1-16 所示对话框。在"捕捉和栅格"选项卡中勾选或取消"启用捕捉"、"启用栅格"选项。

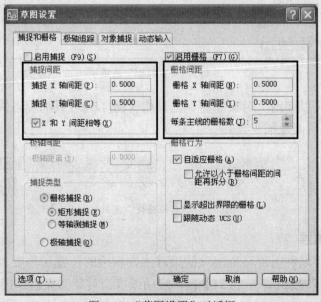

图 1-16　"草图设置"对话框

2. 设置间距参数

在"X 轴间距"和"Y 轴间距"文本框中输入水平距离和垂直距离，单位为"mm"。

二、正交

打开正交模式，在命令执行的过程中，光标只能沿 X 轴或 Y 轴移动。所有绘制的线段都将平行于 X 轴或 Y 轴。它们相互垂直成 90°，即正交。

启动方法：单击状态栏的"**正交**"按钮，或按【F8】键。

三、对象捕捉

对象捕捉必须在某一独立命令运行的过程中才能启动。用户通过单击"**对象捕捉**"按钮或按【F3】键，启动或取消对象捕捉模式。

单击菜单"工具"→"草图设置"→"对象捕捉"，打开如图 1-17 所示的选项页。用户可以根据自己的需要，对"对象捕捉模式"进行设置，勾选要捕捉的点。用户可以单击"全部选择"或"全部清除"按钮全部选择或全部删除捕捉点。

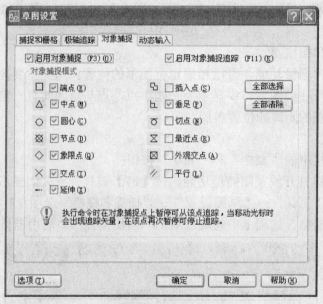

图 1-17 "对象捕捉"选项页

此外，用户还可以使用"对象捕捉"工具栏（图 1-18）或捕捉点快捷菜单（见本章第六节鼠标操作），实现对象捕捉。

图 1-18 "对象捕捉"工具栏

四、对象捕捉追踪

启动对象追踪可以利用屏幕上出现的追踪线在精确的位置和角度上创建新对象。用户可以单击"**对象捕捉**"按钮或按【F11】键，启动或取消对象捕捉追踪模式，如图 1-19 所示的虚线。

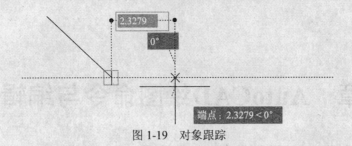

图 1-19　对象跟踪

习　题

1. 请指出 AutoCAD 2008 操作界面中标题栏、菜单栏、命令行、状态栏和工具栏的位置及作用。

2. 简述调用 AutoCAD 命令的方法。

3. 设置 AutoCAD 2008 绘图环境。

4. 在 AutoCAD 中，若菜单中某一命令后有…，则表示该命令（　　　）

  A. 已开始执行   B. 有下级菜单

  C. 有对话框   D. 处于设定状态

5. 如用户打开了正交模式，则下列哪条直线能绘制（　　　）

  A. 30°倾角直线   B. 水平直线

  C. 45°倾角直线   D. 60°倾角直线

6. AutoCAD 的"Save as"命令与（　　　）功能相同

  A. QSave   B. Save

  C. 下拉菜单中的文件\保存   D. 下拉菜单的文件\另存为

第二章 AutoCAD绘图命令与编辑命令

用 AutoCAD 和天正建筑联合绘制环境工程制图。本章介绍 AutoCAD 的常用命令操作。

第一节 常用基本命令

> 本节主要介绍 AutoCAD 2008 绘图与编辑的常用命令。主要包括缩放、平移、删除和移动四个命令的用法。

一、图形显示命令

在 AutoCAD 中，因打开的文件图形太小或太大，以致无法清除地辨别图形细部或显示整个图形时，可以使用多种方法来控制图形的显示方式，以便观察图形的整体效果或局部细节。

图 2-1 "缩放"工具栏

1. 缩放 (ZOOM 或 Z)

使用缩放命令，放大或缩小显示当前视口中对象的外观尺寸，并不会改变图形在绘图空间的大小。"缩放"工具栏如图 2-1 所示。

（1）实时缩放。任意缩放图形。启动方法：

① 单击菜单"视图"→"缩放"→"实时"，如图 2-2 所示；

② 在命令行输入"ZOOM"或"Z"，按【回车】或【空格】键后，拖动鼠标；

③ 单击工具栏中图标🔍后，拖动鼠标；

④ 滚动鼠标滚轴，对图纸进行缩放。

鼠标向上移动时将图形放大，向下移动则将图形缩小。按【回车】键或【Esc】键退出。

（2）窗口缩放。缩放显示由两个角点定义的矩形窗口框定的区域。但是这个命令不能使画面缩小，只能放大。启动方法：

① 单击菜单"视图"→"缩放"→"窗口"（图 2-2）；

② 在命令行输入"ZOOM"或"Z"，按【回

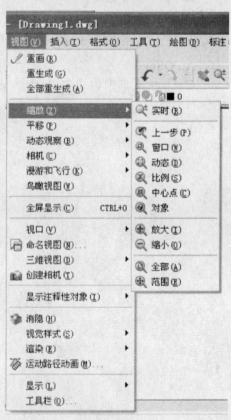

图 2-2 缩放菜单

车】或【空格】键；

③ 单击工具栏中图标后，拖动鼠标。

命令启动后单击第一个角点然后拖放到第二个角点。

（3）比例缩放。以指定比例的因子缩放显示。启动方法：

① 单击菜单"视图"→"缩放"→"比例"（图 2-2）；

② 在命令行输入"ZOOM"或"Z"，按【回车】或【空格】键，键入字母【S】后确定；

③ 单击工具栏中图标。

命令启动后，命令行提示：

"输入比例因子 (nX 或 nXP)："键入缩放的比例。如键入"2X"表示放大一倍；如键入"0.5X"表示缩小一半。

（4）全部缩放。在当前视口中缩放显示整个图形。在平面视图中，将图形缩放到图形界限或当前范围两者中较大的区域，即图形界限比图形范围大时显示整个图形，反之则放大图形界限。启动方法：

① 单击菜单"视图"→"缩放"→"全部"（图 2-2）；

② 在命令行输入"ZOOM"或"Z"，按【回车】或【空格】键，键入字母【A】后确定；

③ 单击工具栏中图标。

（5）范围缩放。该缩放与界限无关，缩放以显示图形范围并使所有对象最大化地显示。启动方法：

① 单击菜单"视图"→"缩放"→"范围"（图 2-2）；

② 在命令行输入"ZOOM"或"Z"，按【回车】或【空格】键，键入字母【E】后确定；

③ 单击工具栏中图标。

（6）上一个缩放。缩放显示上一个视图，最多可恢复此前的 10 个视图。启动方法：

① 单击菜单"视图"→"缩放"→"上一步"（图 2-2）；

② 在命令行输入"ZOOM"，或"Z"，按【回车】或【空格】键，键入字母【P】后确定；

③ 单击工具栏中图标。

2. 平移

用户可以平移视图，以改变其在绘图区域中的位置，以便清楚地观察图形的其他部分。启动方法：

（1）单击菜单"视图"→"平移"→"实时"（图 2-3）；

（2）在命令行输入"PAN"或"P"，按【回车】或【空格】键；

（3）单击工具栏中图标；激活命令后，按住鼠标左键就可以上下左右移动图形了。

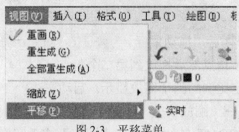

图 2-3　平移菜单

（4）长按鼠标滚轴的同时，移动鼠标。

3. 视图重画和重新生成

使用 AutoCAD 的"重画"和"重新生成"命令，可以清除屏幕上不需要的对象选取标记，使图形画面变得正确和清晰。

（1）视图重画。视图文件的屏幕重画操作。在命令行输入"Redraw"，确定。

（2）视图重新生成。视图文件的屏幕重新绘制及重新生成操作。在命令行输入"Regen"，确定。

重新生成不仅刷新屏幕显示，而且在当前视口中重新生成整个图形并重新计算所有对象的屏幕坐标，还重新创建图形数据库索引，从而优化显示和对象选择的性能。但是当图形比较复杂时，使用重新生成要比使用重画慢得多。

二、删除（Erase或E）

删除命令的作用好比绘图工具的橡皮擦，可以借助该命令擦除不想要的图形内容。启动方法：

（1）单击菜单"修改"→"删除"；

（2）在命令行输入"Erase"或"E"，按【回车】或【空格】键；

（3）单击修改工具栏中图标 🖉 。

激活命令后，选择需要删除的对象，确定。

【例 2-1】　删除 Tablet.dwg 图形中的某些图元。

（1）打开"\AutoCAD 2008\Sample\Tablet.dwg"；

（2）使用缩放和平移命令，找到需要删除的图元，如图 2-4 所示；

（3）激活删除命令，删除图元。

图 2-4　删除操作示例

三、移动（Move或M）

当图形的位置需要调整时，可以利用移动命令将选定的对象平移到其他位置。移动命令的操作只改变图形的位置，并不改变图形的内容。启动方法：

（1）单击菜单"修改"→"移动"；

（2）在命令行输入"Move"或"M"，按【回车】或【空格】键；

（3）单击修改工具栏中图标 ✛ ，激活命令后，选择需要平移的对象，并确定。命令行提示：

① "指定基点或 [位移 (D)] <位移>："指定基点的位置，确定；

② "指定第二个点或 <使用第一个点作为位移>："移动操作的参考点坐标，确定。

"<使用第一个点作为位移>"操作说明：用相对位移方式确定移动操作的位置。可以通过鼠标移动确定移动的方向，也可以用键盘输入基点的距离值或相对坐标值。

【例 2-2】　移动 Tablet.dwg 图形中的某些图元。

（1）打开"\AutoCAD 2008\Sample\Tablet.dwg"；

（2）使用缩放和平移命令，找到需要移动的图元"MOVE"，如图 2-5(a) 所示；

（3）激活移动命令，选择该图元，并确定；

（4）指定移动的基点：矩形框左下角；

（5）往左移动，实现如图 2-5(b) 所示的效果。

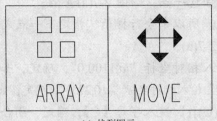

(a) 找到图元　　　　　　　　　　　　　(b) 移动后的效果

图 2-5　移动图元

值得一提的是：如果想让移动更加精确，可以激活"对象捕捉"和"对象跟踪"。

第二节　反应池的绘制

　　本节主要介绍污水处理构筑物中反应池的绘制方法。通过反应池的绘制，介绍直线、偏移、复制、延伸、修剪、射线和构造线七个命令的用法。

一、构筑物的绘制

反应池的尺寸如图 2-6 所示。本节仅介绍反应池构筑物的绘制方法，尺寸标注、文字标注等不做要求。

【绘图思路】　①使用直线命令绘制反应池内壁；②使用偏移命令定位反应池外壁；③使用延伸命令完成反应池的整体绘制。

1. 直线 (Line 或 L)

直线命令是最基础的图形绘制命令之一。启动方法：

（1）单击菜单"绘图"→"直线"；

（2）在命令行输入"Line"或"L"，按【回车】或【空格】键；

（3）单击绘图工具栏中图标 ╱ 。

命令激活后，命令行提示：

（1）"指定第一点："用鼠标左键指定第一点的位置，

确定；

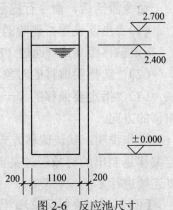

图 2-6　反应池尺寸

（2）"指定下一点或 [放弃 (U)]："用鼠标左键指定第二点位置，或用键盘输入直线长度。输入字母【U】表示放弃前面的输入；

（3）"指定下一点或 [放弃 (U)]："指定下一段直线的长度；

（4）"指定下一点或 [闭合 (C)/放弃 (U)]："指定下一段直线的长度，或输入 C 使图形闭合，结束命令。

操作说明：除了通过输入坐标值来确定直线的距离外，还可以直接输入直线的长度（如2700），来绘制长度为 2700 直线。

【例 2-3】 绘制反应池内壁 (1100×2700)。

（1）启动直线命令，用鼠标左键指定任意一点，如图 2-7(a) A 点；

（2）根据图 2-6，绘制长 2700 的直线。所以命令行提示"指定下一点或 [放弃 (U)]："输入相对坐标"@0,–2700"，确定，如图 2-7(a)；

（3）"指定下一点或 [放弃 (U)]："输入相对坐标"@1100,0"，确定，如图 2-7(b)；

（4）"指定下一点或 [闭合 (C)/放弃 (U)]："输入相对坐标"@0,2700"，确定，如图 2-7(c) 所示；

（5）"指定下一点或 [闭合 (C)/放弃 (U)]："键入字母【C】，确定，闭合曲线，绘制效果如图 2-7(d) 所示。

图 2-7　绘制反应池内壁

2. 偏移 (Offset 或 O)

偏移的作用在于，对于圆、直线或样条曲线等进行平行复制，从而分别形成一组同心圆、平行线或平行曲线等。启动方法：

（1）单击菜单"修改"→"偏移"；

（2）在命令行输入"Offset"或"O"，按【回车】或【空格】键；

（3）单击绘图工具栏中图标 。

命令激活后，命令行提示：

（1）"当前设置：删除源=否　图层=源　OFFSETGAPTYPE=0
指定偏移距离或 [通过 (T)/删除 (E)/图层 (L)] <通过>："确定偏移的距离；

（2）"选择要偏移的对象，或 [退出 (E)/放弃 (U)] <退出>："选择要偏移的图元；

（3）"指定要偏移的那一侧上的点，或 [退出 (E)/多个 (M)/放弃 (U)] <退出>："指定偏移的方向。

操作说明：默认偏移方式是通过指定偏移的距离或两点。如果键入【T】选项，可以指定偏移复制出的对象经过某点，尤其适用于经过特殊点的情况。另外，选择【M】选项可以连续进行多次偏移复制。

【例 2-4】 绘制反应池外壁 (1500×2700)。

（1）启动偏移命令，"当前设置：删除源=否　图层=源　OFFSETGAPTYPE=0
指定偏移距离或 [通过 (T)/删除 (E)/图层 (L)] <通过>:"输入距离"200"；

（2）"选择要偏移的对象，或 [退出 (E)/放弃 (U)] <退出>:"用鼠标左键选定内壁，如图 2-8(a) A 线；

（3）"指定要偏移的那一侧上的点，或 [退出 (E)/多个 (M)/放弃 (U)] <退出>:"点击
A 线左边，指定偏移的方向，如图 2-8(b) 所示；

（4）同理，完成反应池外壁的绘制，如图 2-8(c) 所示；

（5）同理，将 B 线向下偏移 300 绘制水面线，如图 2-8(d) 所示。完成绘制。

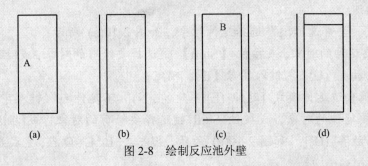

图 2-8　绘制反应池外壁

【例 2-5】　绘制同心矩形。

（1）点击矩形 ▱ 按钮，绘制矩形，如图 2-9(a)；

（2）启动偏移命令，"当前设置：删除源=否　图层=源　OFFSETGAPTYPE=0
指定偏移距离或 [通过 (T)/删除 (E)/图层 (L)] <通过>:"输入距离"50"；

（3）"选择要偏移的对象，或 [退出 (E)/放弃 (U)] <退出>:"选择矩形；

（4）"指定要偏移的那一侧上的点，或 [退出 (E)/多个 (M)/放弃 (U)] <退出>:"点击矩形
外，向外绘制同心矩形，如图 2-9(b) 所示；点击矩形内，向内绘制同心矩形，如图 2-9(c) 所示。

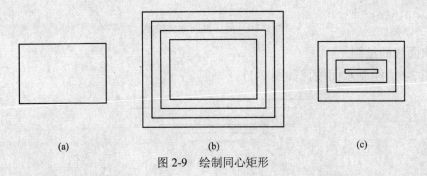

图 2-9　绘制同心矩形

3. 延伸 (Extend 或 Ex)

延伸命令的启动方法：

（1）单击菜单"修改"→"延伸；

（2）在命令行输入"Extend"或"Ex"，按【回车】或【空格】键；

（3）单击绘图工具栏中图标 –⫋。

命令激活后，命令行提示：

（1）"当前设置：投影=UCS，边=无

选择边界的边…

选择对象或 <全部选择>："选择要延伸的边界，按【回车】或【空格】键或鼠标右键确认；

（2）"选择要延伸的对象，或按住 Shift 键选择要修剪的对象，或[栏选 (F)/窗交 (C)/投影 (P)/边 (E)/放弃 (U)]："选择要延伸对象。

操作说明：边 (E)为设置隐含边的延伸模式。

【例2-6】 完成反应池的池体绘制。

（1）启动延伸命令，"当前设置：投影=UCS，边=无

选择边界的边…

选择对象或 <全部选择>："选择延伸对象，如图 2-10(a) 所示；

（2）"选择要延伸的对象，或按住【Shift】键选择要修剪的对象，或[栏选 (F)/窗交(C)/投影 (P)/边 (E)/放弃 (U)]："键入字母【E】，确定；

（3）"输入隐含边延伸模式 [延伸 (E)/不延伸 (N)]<不延伸>："键入字母【E】；

（4）"选择要延伸的对象，或按住 Shift 键选择要修剪的对象，或[栏选 (F)/窗交 (C)/投影 (P)/边 (E)/放弃 (U)]："如图 2-10(b) 所示，点击 A、B、C、D 点，完成效果如图 2-10(c) 所示；

（5）用直线完成外壁绘制，如图 2-10(d) 所示。

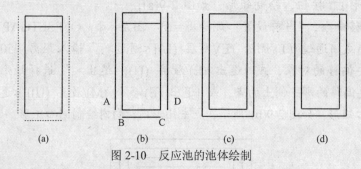

图 2-10　反应池的池体绘制

二、水面线的绘制

根据图 2-6，绘制水面线，如图 2-11。

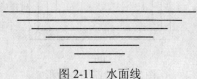

图 2-11　水面线

【绘图思路】 ①使用直线命令绘制一条水面线；②复制或偏移出多条水面线；③使用修剪命令，完成水面线的绘制。

1. 复制 (Copy 或 Co)

图形中相同的实体对象不论其复杂程度如何，可以在基本图形绘制的基础上，执行复制命令生成其他相同的实体对象。启动方法：

（1）单击菜单"修改"→"复制"；

（2）在命令行输入"Copy"、"Co"或"Cp"，按【回车】或【空格】键；

（3）单击修改工具栏中图标 %。

激活命令后，选择需要复制的对象，并确定。命令行提示：

（1）"当前设置：复制模式 ＝ 多个

指定基点或 [位移 (D)/模式 (O)] <位移>："指定基点的位置，确定；

（2）"指定第二个点或 <使用第一个点作为位移>："复制操作的参考点坐标，确定。

复制命令的操作方法与移动命令的操作方法基本相同。

【例 2-7】 绘制水平线。

（1）使用直线命令，绘制水平线，长 500，如图 2-12(a) 所示；

（2）复制直线 10 条，间距为 25，如图 2-12(b) 所示；

（3）绘制直线，连接最底端直线的中点与顶端直线的端点，如图 2-12 (c) 所示。

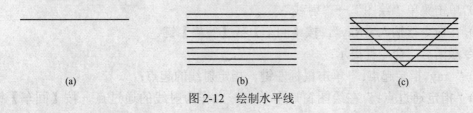

(a)　　　　　　　　　　　(b)　　　　　　　　　　　(c)

图 2-12　绘制水平线

2. 修剪 (Trim 或 Tr)

修剪与延伸的功能相同，修剪和延伸模式可以通过按住【Shift】键进行切换。它们的操作顺序正好相反。启动方法：

（1）单击菜单"修改"→"修剪"；

（2）在命令行输入"Trim"或"Tr"，按【回车】或【空格】键；

（3）单击绘图工具栏中图标 -/-。

命令激活后，命令行提示：

（1）"当前设置：投影=UCS，边=无

选择剪切的边…

选择对象或 <全部选择>："选择要修剪的边界，按【回车】或【空格】键或鼠标右键确认；

（2）"选择要修剪的对象，或按住 Shift 键选择要修剪的对象，或[栏选 (F)/窗交 (C)/投影 (P)/边 (E)/放弃 (U)]："选择要延伸的对象。

修剪命令的操作方法与延伸命令的操作方法基本相同。

【例 2-8】 完成反应池的整体绘制。

（1）启动延伸命令，"当前设置：投影=UCS，边=无

选择修剪的边…

选择对象或 <全部选择>："选择边界对象，确定，如图 2-13(a) 所示；

（2）"选择要修剪的对象，或按住 Shift 键选择要修剪的对象，或[栏选 (F)/窗交 (C)/投影 (P)/边 (E)/放弃 (U)]："根据图 2-6 选择要修剪的对象，修剪完成效果如图 2-13(b) 所示。

完成图 2-13(b)后，删除多余的线段，完成效果即如图 2-6 所示。

(a)　　　　　　　　　　　　　　(b)

图 2-13　反应池的整体绘制

三、其他命令

射线命令、构造线命令与直线命令相似。

1. 射线

射线为一端固定而另一端无线延伸的直线。启动方法：

（1）单击菜单"绘图"→"射线"；

（2）在命令行输入"Ray"，按【回车】或【空格】键。

命令激活后，命令行提示：

（1）"_ray 指定起点："单击鼠标左键，指定射线的起点；

（2）"指定通过点："在绘图窗口中单击一点作为射线的通过点，按【回车】键表示结束。

2. 构造线

执行射线命令绘制的图形定位参照是单侧方式的参照线，若想绘制两端可无限延伸的直线，可以使用构造线命令。

（1）单击菜单"绘图"→"构造线"；

（2）在命令行输入"Xline"或"Xl"，按【回车】或【空格】键。

命令激活后，命令行提示：

"XLINE 指定点或 [水平 (H)/垂直 (V)/角度 (A)/二等分 (B)/偏移 (O)]："单击鼠标左键，指定通过点的位置，按【回车】键表示结束。

第三节　楼梯的绘制

> 本节通过介绍楼梯的绘制，介绍多段线和阵列等命令的用法。

楼梯的尺寸如图 2-14 所示。本节仅介绍楼梯的绘制方法，尺寸标注、文字标注等不做要求。

图 2-14　楼梯的尺寸

【绘图思路】　①使用直线命令绘制楼梯台阶；②使用复制、偏移或阵列命令完成楼梯；③使用多段线命令完成楼梯方向的绘制。

一、阵列（Array或Ar）

阵列命令可将一个对象复制为多个，同时将对象按规律的矩形阵列或环形阵列排列。

启动方法：

（1）单击菜单"修改"→"阵列"；

（2）在命令行输入"Array"或"Ar"，按【回车】或【空格】键；

（3）单击绘图工具栏中图标品。

命令激活后，弹出矩形"阵列"对话框，如图 2-15 所示。

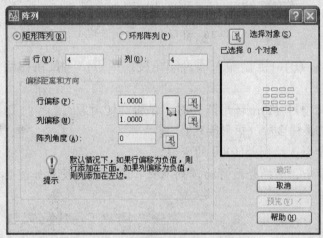

图 2-15　矩形"阵列"对话框

1. 矩形阵列各选项说明

（1）矩形阵列 (R)：选择阵列复制的矩形方式。

（2）环形阵列 (P)：选择阵列复制的环形方式。

（3）行 (W)：输入行数。

（4）列 (O)：输入列数。

（5）　选择对象 (S)：确定阵列复制的操作对象。

（6）行偏移 (F)：键盘输入行偏移的距离，或点击　按钮在绘图区中指定行偏移的距离。

（7）列偏移 (M)：键盘输入列偏移的距离，或点击　按钮在绘图区中指定列偏移的距离。

（8）阵列角度 (A)：键盘输入阵列角度，或点击　按钮在绘图区中指定阵列角度。

（9）　预览(V)<　按钮：预览阵列效果。

点击 "环形阵列"按钮，启动环形"阵列"对话框，如图 2-16 所示。

2. 环形阵列各选项说明

（1）中心点：键盘输入环形阵列中心点，或点击　按钮在绘图区中指定环形中心点。

（2）方法 (M)：确定环形阵列的操作参数。

（3）项目总数 (I)：键盘输入阵列的总数值。

（4）填充角度 (F)：键盘输入填充角度，或点击　按钮在绘图区中指定填充角度。

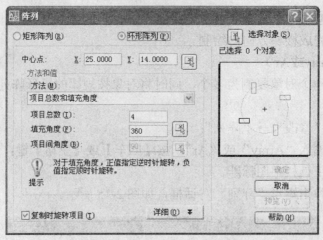

图 2-16 环形"阵列"对话框

（5）项目间角度 (B)：键盘输入项目间角度，或点击⊞按钮在绘图区中指定项目间角度。

（6）复制时旋转项目 (T)：环形阵列时，是否旋转对象。

【例 2-9】 绘制楼梯台阶 (矩形阵列)。

（1）启动直线命令，绘制长 1000 的竖线。

（2）启动阵列命令，选择竖线作为阵列对象，具体参数设置如图 2-17 所示，阵列效果如图 2-18(a) 所示。

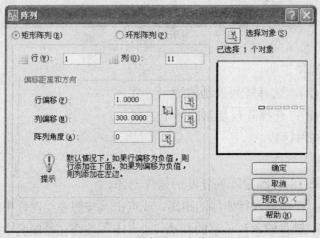

图 2-17 楼梯阵列参数设置

（3）使用直线，完成楼梯绘制，如图 2-18(b) 所示。

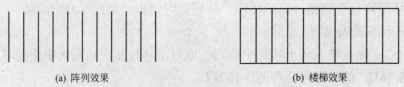

(a) 阵列效果　　　　　　　　　　　　(b) 楼梯效果

图 2-18 绘制楼梯台阶

值得注意的是：阵列的数量包含原来选择的对象。

【例 2-10】 环形阵列。

（1）打开"\AutoCAD 2008\Sample\Tablet.dwg"；

（2）找到需要阵列的图元，如图 2-19 所示；

图 2-19 原图形

（3）启动阵列命令，点击"环形阵列"按钮；

（4）具体参数设置如图 2-20 所示，阵列效果如图 2-22 所示。

（5）如果按照图 2-21 进行设置的话，阵列效果则如图 2-23 所示。

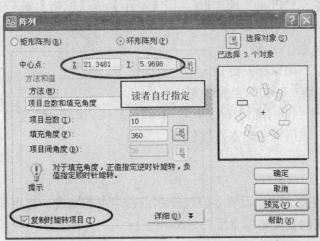

图 2-20 环形"阵列"参数设置一

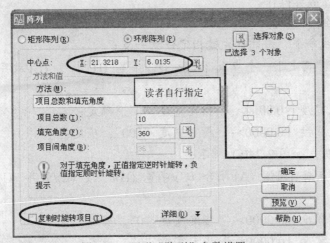

图 2-21 环形"阵列"参数设置二

图 2-22 环形阵列一

图 2-23 环形阵列二

二、多段线（Pline或Pl）

多段线又被称为多义线，表示一起画的都是连在一起的一个复合对象，可以是直线也可以是圆弧，并且它们还可以加不同的宽度。多段线和直线命令作用相似，只是它绘制的图形中不但可以有直线段，而且可以有弧线段。另外，可为各段线设置不同的宽度，启动方法：

（1）单击菜单"绘图"→"多段线"；

（2）在命令行输入"Pline"或"Pl"，按【回车】或【空格】键；

（3）单击绘图工具栏中图标 ↲ 。

命令激活后，命令行提示：

（1）"指定起点："用鼠标左键指定第一点的位置，确定；

（2）"当前线宽为 0.0000"当前线宽；

（3）"指定下一个点或 [圆弧 (A)/半宽 (H)/长度 (L)/放弃 (U)/宽度 (W)]："用鼠标左键指定第二点位置，或用键盘输入直线长度。

操作说明如下。

（1）圆弧 (A)：绘制弧线。

（2）半宽 (H)/宽度 (W)：设置多段线的起点、端点的宽度，起点和端点可以具有不同的宽度，半宽所设置的宽度是总宽度的一半。

（3）长度 (L)：设置直线长度。

（4）放弃 (U)：放弃操作。

【例 2-11】 绘制楼梯箭头。

（1）启动多段线命令，用鼠标左键指定任意一点；

（2）命令行提示"指定下一个点或 [圆弧 (A)/半宽 (H)/长度 (L)/放弃 (U)/宽度 (W)]："输入字母【W】；

（3）"指定起点宽度 <0.0000>："指定宽度"0"，确定；

（4）"指定端点宽度 <0.0000>："指定宽度"100"，确定；

（5）绘制出箭头，如图 2-24(a) 所示；

（6）"指定下一点或 [圆弧 (A)/闭合 (C)/半宽 (H)/长度 (L)/放弃 (U)/宽度 (W)]："输入字母【W】；

（7）"指定起点宽度 <0.0000>："指定宽度"0"，确定；

（8）"指定端点宽度 <0.0000>："指定宽度"0"，确定；

（9）绘制出箭头尾端，如图 2-24(b) 所示。

三、编辑多段线（Pedit或Pe）

编辑多段线的启动方法有：

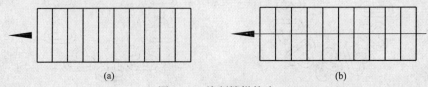

| (a) | (b) |

图 2-24　绘制楼梯箭头

（1）单击菜单"修改"→"对象"→"多段线"；

（2）在命令行输入"Pedit"或"Pe"，按【回车】或【空格】键。

命令激活后，命令行提示：

（1）"PEDIT 选择多段线或 [多条 (M)]："确定；

（2）"输入选项 [闭合 (C)/合并 (J)/宽度 (W)/编辑顶点 (E)/拟合 (F)/样条曲线 (S)/非曲线化 (D)/线型生成 (L)/放弃 (U)]："

操作选项如下。

（1）闭合 (C)：创建闭合线段，连接最后一条线段与第一条线段。

（2）合并 (J)：将直线、圆弧或多段线添加到开放的多段线的端点，并从曲线拟合多段线中删除曲线拟合。

（3）宽度 (W)：为整个多段线指定新的统一宽度。

（4）编辑顶点 (E)：通过在屏幕上绘制 X 来标记多段线的第一个顶点。

（5）拟合 (F)：创建连接每一对顶点的平滑圆弧曲线。

（6）非曲线化 (D)：删除圆弧拟合或样条曲线拟合多段线插入的其他顶点，并拉直多段线的所有线段。

（7）线型生成 (L)：生成通过多段线顶点的连续图案的线型。

（8）放弃 (U)：取消上一步的多段线修改操作。

用户除了使用 Pedit 对多段线进行编辑外，还可以使用该命令将直线转换为多段线。

第四节　阀门的绘制

> 本节通过阀门的绘制，介绍圆、点及点样式、定数等分、定距等分、旋转和圆弧等命令的用法。

阀门的尺寸如图 2-25 所示。本节仅介绍阀门的绘制方法，尺寸标注、文字标注等不做要求。

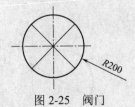

图 2-25　阀门

【绘图思路】　①使用圆命令绘制阀门外轮廓；②使用定数等分绘制阀门内部；③使用旋转命令旋转阀门。

一、圆（Circle或C）

圆是图形中一种常见的实体。圆可以表示柱、轴、孔等。启动方法：

（1）单击菜单"绘图"→"圆"子菜单，见图 2-26；

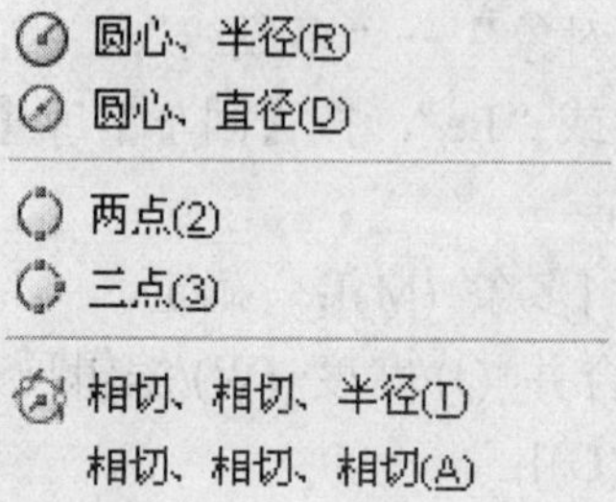

⊘　圆心、半径(R)

⊘　圆心、直径(D)

○　两点(2)

○　三点(3)

⊘　相切、相切、半径(T)

　　相切、相切、相切(A)

图 2-26　"圆"级联菜单提供的画圆方式

（2）在命令行输入"Circle"或"C"，按【回车】或【空格】键；

（3）单击绘图工具栏中图标⊘。

用工具栏和命令行输入命令可有 5 种方式绘圆（不包括"相切、相切、相切"方式），用下拉菜单输入命令可有 6 种方式绘圆。

1. 指定圆心、半径画圆

命令激活后，命令行提示：

（1）"指定圆的圆心或 [三点 (3P)/两点 (2P)/相切、相切、半径 (T)]："指定圆心；

（2）"指定圆的半径或 [直径 (D)]<32>："圆的半径 32，确定，如图 2-27 所示。

2. 指定圆心、直径画圆

命令激活后，命令行提示：

（1）"指定圆的圆心或 [三点 (3P)/两点 (2P)/相切、相切、半径 (T)]："指定圆心；

（2）"指定圆的半径或 [直径 (D)]："输入【D】，确定；

（3）"指定圆的直径<50>："输入 50，确定，如图 2-28 所示。

3. 三点方式画圆

命令激活后，命令行提示：

（1）"_circle 指定圆的圆心或 [三点 (3P)/两点 (2P)/相切、相切、半径 (T)]：_3p 指定圆上的第一个点："指定第"1"点；

（2）"指定圆上的第二个点"指定第"2"点；

（3）"指定圆上的第三个点"指定第"3"点，如图 2-29 所示。

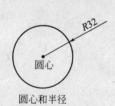

图 2-27　指定圆心、半径画圆

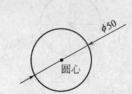

图 2-28　指定圆心、直径画圆

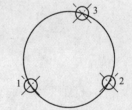

图 2-29　三点方式画圆

4. 两点方式画圆

命令激活后，命令行提示：

（1）"_circle 指定圆的圆心或 [三点 (3P)/两点 (2P)/相切、相切、半径 (T)]：_2p 指定圆直径的第一个端点："指定第"1"点；

（2）"指定圆直径的第二个端点："指定第"2"点，如图 2-30 所示。

5. 相切、相切、半径方式画圆

命令激活后，命令行提示：

（1）"指定对象与圆的第一个切点："指定第"1"点；

（2）"指定对象与圆的第二个切点："指定第"2"点；

（3）"指定圆的半径 <50.0000>:"100，确定；如图 2-31 所示。

6. 相切、相切、相切方式画圆

命令激活后，命令行提示：

（1）"_circle 指定圆的圆心或 [三点 (3P)/两点 (2P)/相切、相切、半径 (T)]: _3p 指定圆上的第一个点：_tan 到"指定第"1"点；

（2）"指定圆上的第二点：_tan 到"指定第"2"点；

（3）"指定圆上的第三点：_tan 到"指定第"3"点，如图 2-32 所示。

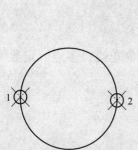 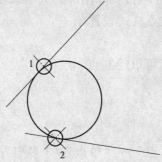 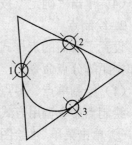

图 2-30　两点方式画圆　　　图 2-31　相切、相切、半径方式画圆　　　图 2-32　相切、相切、半径方式画圆

【例 2-12】　绘制阀门外轮廓。

启动圆命令，命令激活后，命令行提示：

（1）"指定圆的圆心或[三点 (3P)/二点 (2P)/相切、相切、半径 (T)]:"用鼠标左键点击确定圆心坐标；

（2）"指定圆的半径或[直径 (D)]:"半径 200，确定。完成阀门外轮廓绘制，如图 2-33(a) 所示；

（3）使用直线命令绘制对称轴，如图 2-33(b) 所示（点划线的设置请参照本书第三章）。

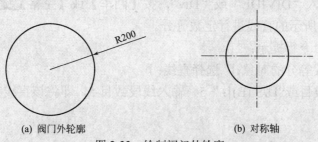

(a) 阀门外轮廓　　　　　　　　　　(b) 对称轴

图 2-33　绘制阀门外轮廓

二、点

该命令可按设定的点样式在指定位置画点。

1. 设定点样式

在几何学中的点是没有大小和形状的，但为了显示的需要，AutoCAD 提供了多种点样式（共 20 种）供选择。在执行画点命令之前，应先设定点的样式。可采用下列方式之一弹出"点样式"设置对话框，如图 2-34 所示，进行点样式设置。

（1）单击菜单"格式"→"点样式"；

（2）在命令行输入"DDPTYPE"，按【回车】或【空格】键；

要在"点样式"对话框中设置点的样式，其具体操作如下。

（1）单击对话框上部点的形状图例来设置点的形状。

（2）在"点大小"文字编辑框中指定所画点的大小。

（3）"相对于屏幕设置尺寸"指按屏幕尺寸的百分比控制点的尺寸，"用绝对单位设置尺寸"按实际图形的大小来设置点的大小。

（4）单击"确定"按钮完成点样式设置。

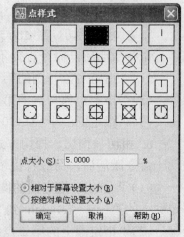

图 2-34　"点样式"设置对话框

2. 绘制点

设置了所需的点样式后，就可以绘制点。绘制点命令包括绘制单点、多点、定数等分点和定距等分点命令。

（1）绘制单点、多点

绘制点命令调用方式：

① 单击菜单 "绘图"→"点"→"单点"/"多点"；

② 单击绘图工具栏图标 · ；

③ 在命令行输入"POINT"或"PO"，按【回车】或【空格】键。

输入绘制点命令后，命令行提示：

①"指定点："指定点的位置画出一个点；

②"指定点："可继续画点或按 Esc 键结束命令。

（2）定数等分点

定数等分点命令调用方式：

① 单击菜单"绘图"→"点"→"定数等分"；

② 在命令行输入"DIVIDE"或"Div"，按【回车】或【空格】键。

对如图 2-35(a) 所示的直线进行定数等分。

命令激活后，命令行提示：

①"选择要定数等分的对象："选择直线；

②"输入线段数目或 [块 (B)]："5（输入线段数目 5，即将该直线等分为 5 段），结果如图 2-35(b) 所示。

(a) 定数等分前　　　　　　　　　　　　　(b) 定数等分后

图 2-35　定数等分

（3）定距等分点

定距等分点命令调用方式：

① 单击菜单"绘图"→"点"→"定距等分"；

② 在命令行输入"MEASURE"或"Me"，按【回车】或【空格】键；

对如图 2-36(a) 所示的直线进行定距等分。

命令激活后，命令行提示：

①"选择要定距等分的对象："选择直线；

②"指定线段长度或 [块 (B)]:"100（输入线段长度）。除最后一段外，每段长度均为 100。结果如图 2-36(b) 所示。

(a) 定距等分前　　　　　　　　　　(b) 定距等分后

图 2-36　定距等分

值得说明的是：等分点命令只是在要等分的对象上，布置相应的等分点，并不是真的将对象断开等分。

【**例 2-13**】　阀门的内部等分。

（1）启动点样式命令，选择 ⊠ 点样式，确定；

（2）启动定数等分命令，命令行提示"选择要定数等分的对象"，选择阀门外轮廓圆；"输入线段数目或 [块 (B)]:"4（输入数目 4，即将该阀门外轮廓圆等分为 4 份），如图 2-37(a) 所示；

（3）使用直线命令绘制阀门内部，可以激活"对象捕捉"的"节点"便于选择，如图 2-37(b) 所示；

（4）启动点样式命令，选择 □ 点样式，确定；完成阀门的绘制，如图 2-37(c) 所示。

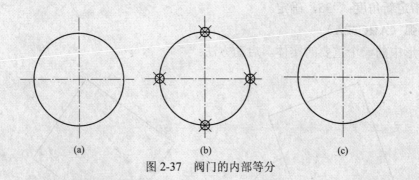

(a)　　　　　　　　(b)　　　　　　　　(c)

图 2-37　阀门的内部等分

三、旋转（**ROTATE或Ro**）

该命令将选中的对象绕指定的基点进行旋转。可用指定角度方式，也可用参照方式。

启动方法：

（1）单击菜单"修改"→"旋转"；

（2）单击修改工具栏图标 ↻ ；

（3）在命令行输入"ROTATE"或"Ro"，按【回车】或【空格】键；

命令操作与选项说明如下。

1. 指定旋转角度方式（缺省项）

命令激活后，命令行提示：

（1）"选择对象："选择图 2-37(c) 中除对称轴外的对象；

（2）"选择对象："确定；

（3）"指定基点："指定基点圆心；

（4）"指定旋转角度或 [参照 (R)]:"45，确定。

指定旋转角度后，选中的对象将绕基点圆心按指定的旋转角度旋转。若输入的旋转角度为正，则对象将按逆时针方向旋转；否则，对象按顺时针方向旋转。如图 2-38 所示。

图 2-38　阀门

2. 参照方式

以图 2-39 为例。

命令激活后，命令行提示：

（1）"选择对象："选择要旋转的矩形；

（2）"选择对象："确定；

（3）"指定基点："指定基点"A"；

（4）"指定旋转角度或 [参照 (R)]:"键入【R】(选择参照方式)，确定；

（5）"指定参照角＜0＞"70（将参照角由默认的 0°改为 70°），确定；

（6）"指定新角度："35，确定。

四、圆弧（ARC或A）

弧是图形中的一个重要的实体。启动方法：

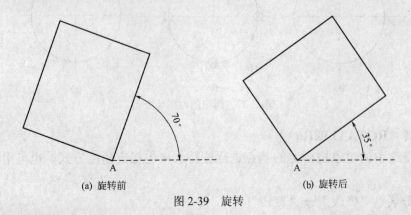

(a) 旋转前　　　　　　　　　　　　(b) 旋转后

图 2-39　旋转

（1）单击菜单"绘图"→"圆弧"子菜单；

（2）单击绘图工具栏中图标 。

AutoCAD 提供了 11 种画圆弧方式（见图 2-40）。

图 2-40　"圆弧"级联菜单提供的画圆弧方式

上述第 8、9、10 选项分别与第 2、3、4 选项具有相同的条件，只是操作命令提示时顺序不同。AutoCAD 实际上提供了 8 种画圆弧方式。

（3）在命令行输入"Arc"或"A"，按【回车】或【空格】键。

以从下拉菜单中调用命令的方式介绍该命令的操作。

1. 三点方式（缺省方式）

命令激活后，命令行提示：

（1）"指定圆弧的起点或 [圆心 (C)]："指定第"1"点；

（2）"指定圆弧的第二个点或 [圆心 (C)/端点 (E)]："指定第"2"点；

（3）"指定圆弧的端点："指定第"3"点，如图 2-41 所示。

2. 起点、圆心、端点方式

命令激活后，命令行提示：

（1）"指定圆弧的起点或 [圆心 (C)]："指定起点"S"；

（2）"指定圆弧的第二个点或 [圆心 (C)/端点 (E)]"键入【C】，确定；

（3）"指定圆弧的圆心："指定圆心"O"；

（4）"指定圆弧的端点或 [角度 (A)/弦长 (L)]："指定终点"E"，如图 2-42 所示。

3. 起点、圆心、角度方式

命令激活后，命令行提示：

（1）"指定圆弧的起点或 [圆心 (C)]："指定起点"S"；

（2）"指定圆弧的第二个点或 [圆心 (C)/端点 (E)]："键入【C】，确定；

（3）"指定圆弧的圆心："指定圆心"O"；

（4）"指定圆弧的端点或 [角度 (A)/弦长 (L)]："键入【A】，确定；

（5）"指定包含角："–200，确定，如图 2-43 所示。

4. 起点、圆心、长度方式

命令激活后，命令行提示：

（1）"指定圆弧的起点或 [圆心 (C)]："指定起点"S"；

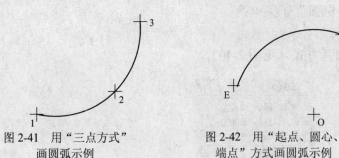
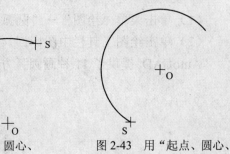

图 2-41 用"三点方式"
画圆弧示例　　图 2-42 用"起点、圆心、
端点"方式画圆弧示例　　图 2-43 用"起点、圆心、
角度"方式画圆弧示例

（2）"指定圆弧的第二个点或 [圆心 (C)/端点 (E)]:"键入【C】，确定；

（3）"指定圆弧的圆心:"指定圆心"O"；

（4）"指定圆弧的端点或 [角度 (A)/长度 (L)]:"键入【L】，确定；

（5）"指定弦长:"76，确定，如图 2-44 所示。

用这种方式画圆弧，都是从起点开始逆时针方向画圆弧。弦长为正值，画小于半圆的圆弧，弦长为负值，画大于半圆的圆弧，如图 2-45 所示（图中弦长为"-76"）。

5. 起点、端点、角度方式

命令激活后，命令行提示：

（1）"指定圆弧的起点或 [圆心 (C)]:"指定起点"S"

（2）"指定圆弧的第二点或 [圆心 (C)/端点 (E)]"键入【E】，确定；

（3）"指定圆弧的端点:"指定终点"E"；

（4）"指定圆弧的圆心或 [角度 (A)/方向 (D)/半径 (R)]:"键入【A】，确定；

（5）"指定包含角:"-120，确定，如图 2-46 所示。

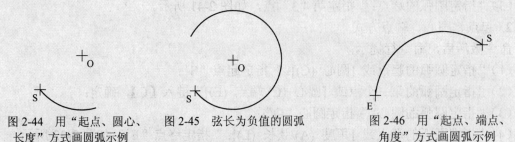

图 2-44 用"起点、圆心、
长度"方式画圆弧示例　　图 2-45 弦长为负值的圆弧　　图 2-46 用"起点、端点、
角度"方式画圆弧示例

6. 起点、端点、方向方式

命令激活后，命令行提示：

（1）"指定圆弧的起点或 [圆心 (C)]:"指定起点"S"；

（2）"指定圆弧的端点:"指定终点"E"；

（3）"指定圆弧的圆心或 [角度 (A)/方向 (D)/半径 (R)]:"键入【D】确定；

（4）"指定圆弧的切点方向:"指定切点方向，如图 2-47 所示。

7. 起点、端点、半径方式

命令激活后，命令行提示：

（1）"指定圆弧的起点或 [圆心 (C)]:"指定起点"S"；

（2）"指定圆弧的端点："指定终点"E"；

（3）"指定圆弧的圆心或 [角度 (A)/方向 (D)/半径 (R)]："键入【R】，确定；

（4）"指定圆弧的半径："50，确定，效果如图 2-48 所示。

8. 用"连续"方式画圆弧

如图 2-49 所示，这种方式用最后一次画的圆弧或直线（如图中虚线）的终点为起点，再按提示指定圆弧的终点，所画圆弧将与上段线相切。

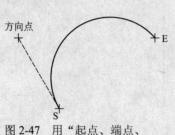
图 2-47　用"起点、端点、
方向"方式画圆弧示例

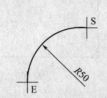
图 2-48　用"起点、端点、
半径"方式画圆弧示例

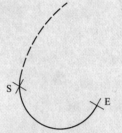
图 2-49　用"连续"方式
画圆弧示例

第五节　滤池俯视图的绘制

本节通过滤池俯视图的绘制，介绍矩形命令的用法。

滤池俯视图的尺寸如图 2-50 所示。本节仅介绍滤池俯视图的绘制方法，尺寸标注等不做要求。注明：滤池壁厚 200，辅助构筑物壁厚 100。

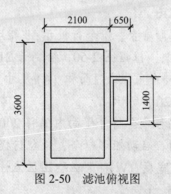
图 2-50　滤池俯视图

【绘图思路】　使用矩形命令绘制滤池内壁及外壁，完成滤池的整体绘制。

该命令以指定两个对角点的方式绘制矩形。它可绘制矩形、四角是斜角的矩形和四角是圆角的矩形。启动方法：

（1）单击菜单"绘图"→"矩形"；

（2）在命令行输入"RECTANG"或"Rec"，按【回车】或【空格】键；

（3）单击绘图工具栏图标 □。

命令激活后，命令行提示：

（1）"指定第一个角点或 [倒角 (C)/标高 (E)/圆角 (F)/厚度 (T)/宽度 (W)]："用鼠标左键指定矩形第"1"点；

（2）"指定另一个角点或 [面积 (A)/尺寸 (D)/旋转 (R)]："用鼠标左键指定矩形第"2"点，或输入相对坐标值，如图 2-51 所示。

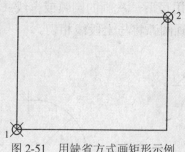

图 2-51　用缺省方式画矩形示例

操作说明如下。

（1）倒角 (C)：该选项将按指定的倒角距离，画出一个四角带有相同斜角的矩形。

（2）圆角 (F)：该选项将按指定的圆角半径，画出一个四角带有相同圆角的矩形。

（3）宽度 (W)：重新指定绘制矩形的线宽。

（4）标高 (E)：设置 3D 矩形离地平面的高度（在三维绘图中应用）。

（5）厚度 (T)：设置矩形的 3D 厚度（在三维绘图中应用）。

（6）面积 (A)：通过指定矩形的面积和长度（或宽度）绘制矩形。

（7）尺寸 (D)：选择此选项可直接输入矩形的长和宽，然后用光标在图形中指定矩形另一个角点的方向即可。

（8）旋转 (R)：通过指定旋转角度或拾取两个参考点绘制矩形。

【例 2-14】　绘制滤池俯视图。

（1）绘制滤池外壁。启动矩形命令，命令行提示："指定第一个角点或 [倒角 (C)/标高 (E)/圆角 (F)/厚度 (T)/宽度 (W)]："根据图 2-50，绘制长 2100，宽 3600 的矩形。在绘图区点击任意一点，确定；"指定另一个角点或 [面积 (A)/尺寸 (D)/旋转 (R)]："在命令行输入"@2100,3600"确定，如图 2-52(a) 所示。

（2）绘制滤池内壁。使用偏移命令将外壁向内偏移 200。如图 2-52(b) 所示。

（3）辅助构筑物外壁的绘制。启动矩形命令，命令行提示："指定第一个角点或 [倒角 (C)/标高 (E)/圆角 (F)/厚度 (T)/宽度 (W)]："在绘图区点击任意一点，确定；"指定另一

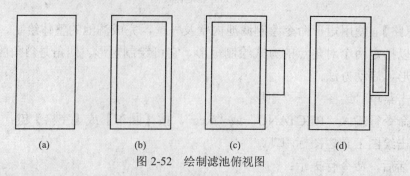

(a)　　　　　　(b)　　　　　　(c)　　　　　　(d)

图 2-52　绘制滤池俯视图

个角点或 [面积 (A)/尺寸 (D)/旋转 (R)]:"在命令行输入"@2750,2500",确定。以该矩形中点为基点,移动到滤池外壁的中点,如图 2-52(c) 所示。

(4) 辅助构筑物内壁的绘制。使用偏移命令将外壁向内偏移100。如图 2-52(d) 所示,完成滤池俯视图的绘制。

第六节　初沉池的绘制

> 本节通过初沉池的绘制介绍填充、多线和多线编辑等命令的用法。

初沉池的尺寸如图 2-53 所示。本节仅介绍初沉池的绘制方法,尺寸标注、图块等不做要求。

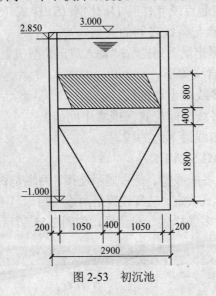

图 2-53　初沉池

【绘图思路】　使用多线、多线编辑及填充等命令完成初沉池的绘制。

一、多线（MLINE或Ml）

多线是指两条或两条以上互相平行的直线。这些直线可以具有不同的线型和颜色。启动方法:

(1) 单击菜单"绘图"→"多线";

(2) 在命令行输入"Mline"或"Ml",按【回车】或【空格】键;

命令激活后,命令行提示:

当前设置: 对正 = 上,比例 = 20.00,样式 = STANDARD　　（信息行）

(1)"指定起点或 [对正 (J)/比例 (S)/样式 (ST)]:"输入 S（选择"比例"选项）,确定;

(2)"输入多线比例<20.00>:"输入 240（指定最外侧两条线之间的距离）确定;

(3)"指定起点或 [对正 (J)/比例 (S)/样式 (ST)]:"指定起点"1"点;

(4)"指定下一点:"指定第"2"点;

(5)"指定下一点或 [放弃 (U)]:"指定第"3"点;

(6)"指定下一点或 [闭合 (C)/放弃 (U)]:"指定第"4"点;

（7）"指定下一点或 [闭合 (C)/放弃 (U)]:"指定第"5"点；

（8）"指定下一点或 [闭合 (C)/放弃 (U)]:"指定第"6"点；

（9）"指定下一点或 [闭合 (C)/放弃 (U)]:"确定，效果如图 2-54 所示。

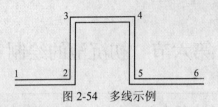

图 2-54　多线示例

操作说明如下。

（1）样式 (ST)：在"指定起点或 [对正 (J)/比例 (S)/样式 (ST)]:"提示行上，选择"ST"选项，可按提示指定一个已有的多线样式的名字，确定后 AutoCAD 将其设为当前多线样式。

（2）对正 (J)：在"指定起点或 [对正 (J)/比例 (S)/样式 (ST)]:"提示行上，键入【J】选项，可指定画多线时拾取点与多线之间的关系。

选"J"选项后，命令提示区出现下列提示："输入对正类型: [上 (T)/无 (Z)/下 (B)] ＜上＞:"上面提示行中三个选项含义如下。

上 (T)：指定拾取点为多线最上边的线。

无 (Z)：指定拾取点为多线中间位置（或者中间线）。

下 (B)：指定拾取点为多线最下边的线。

二、多线样式的创建（MLSTYLE）

多线中平行线间的距离、各线线型、是否显示连接、两端是否封口、以什么形式封口等多线特性均由使用的当前多线样式决定。缺省设置是两端不封口且不显示连接的两实线。实际绘图时需要各种样式，可弹出"多线样式"对话框，如图 2-55 所示，通过该对话框进行设置。

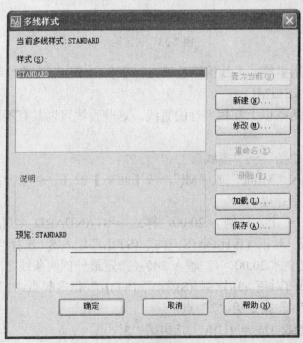

图 2-55　"多线样式"对话框

"多线样式"对话框的启动方法：

（1）单击菜单"格式"→"多线样式"；

（2）在命令行输入"Mlstyle"，按【回车】或【空格】键。

"多线样式"对话框中选项说明如下。

1. "样式"区

线型样式的设置区。在该设置区中，可以设置如下选项。

（1）置为当前：该选项的输入框内显示当前的多线线型名。

（2）修改：对已有的样式进行修改。

（3）加载：从多线库（ACAD.MLN）中加载已定义的多线。单击该按钮，屏幕出现图 2-56 所示的"加载多线样式"对话框，可以选择所需的样式。

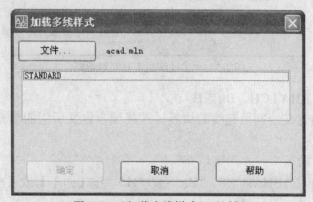

图 2-56 "加载多线样式"对话框

（4）保存：将当前的多线线型存入多线文件中，该线型的扩展名为.MLN。

（5）重命名：重命名当前选定的多线样式。不能重命名 STANDAND 多线样式。

（6）删除：从样式列表中删除当前选定的多线样式。此操作并不删除 MLN 文件中的样式。不能删除 STANDAND 多线样式、当前多线样式或正在使用的多线样式。

2. 新建

命名新的多线样式并指定要用于创建新多线样式的多线样式。

三、多线的编辑（MLEDIT）

该命令可以编辑多线的交点，可根据不同的交点类型，采用不同的工具进行编辑，还可使一条或多条平行线断开或连接。启动方法：

（1）单击菜单"修改"→"对象"→"多线"；

（2）在命令行输入"Mledit"，按【回车】或【空格】键；

（3）单击修改Ⅱ工具栏中的图标 ✐。

启动命令后，将弹出"多线编辑工具"对话框，如图 2-57 所示。

"多线编辑工具"对话框形象地给出了 12 种编辑工具，其中第一列是编辑十字交叉多线交点的工具；第二列是编辑 T 字形交叉多线交点的工具；第三列是编辑多线角点和顶点的工具；第四列是编辑要被断开或连接的多线工具。根据需要单击相应的小图标，则选择相应的编辑工具，同时 AutoCAD 在对话框的左下角给出相应的命令提示信息。

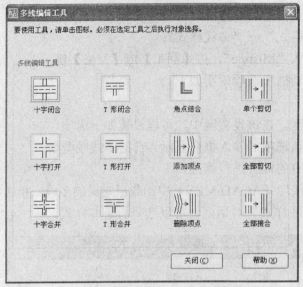

图 2-57 "多线编辑工具"对话框

四、图案填充（BHATCH、Bh或H）

该命令可方便地定义绘制填充线的边界、选择或自定义所需的填充线、进行预览和相关的设定。启动方法：

（1）单击菜单"绘图"→"图案填充"；

（2）在命令行输入"BHATCH"、"Bh"或"H"，按【回车】或【空格】键；

（3）单击绘图工具栏图标图。

输入命令后，将弹出"图案填充和渐变色"对话框，如图 2-58 所示。

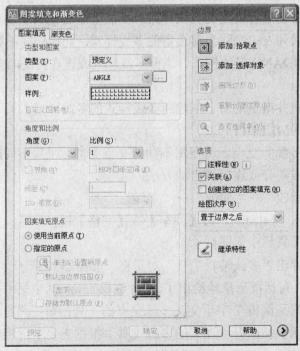

图 2-58 "图案填充和渐变色"对话框

操作说明如下。

1. 预定义类型

选择"预定义"选项后，单击该区内"图案"下拉列表窗口右侧的按钮**...**或者"样例"框，将弹出"填充图案控制板"对话框，如图 2-59 所示。可从中选择一种所需的填充线。

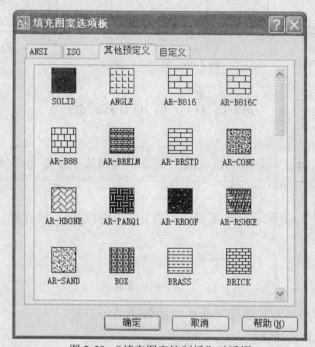

图 2-59　"填充图案控制板"对话框

选择"预定义"类型中的填充线后，可通过"角度"（角度值为 0°对应当前坐标系 UCS 的 X 轴的正方向）、"比例"来改变填充图案的角度和比例大小，从而获得更多样式的图案。

2. 用户定义类型

该类型是基于图形创建的直线填充图案。当选择了"用户定义"类型来定义填充线时，该区下部的"间距"和"角度"文本框变为可用，可在其中输入填充线的间距值和角度值来定义填充线。

3. 自定义类型

可以使用当前线型来定义自己的填充图案，或创建更复杂的进行填充。

4. 渐变色

选择"渐变色"选项卡，打开 "渐变色"对话框，在此可对图形区域进行渐变填充。

【例 2-15】　初沉池的绘制。

（1）使用多线命令绘制初沉池的内壁和外壁，如图 2-60(a) 所示；

（2）使用直线等命令绘制图 2-60(b)；

（3）使用图案填充命令填充，图案选择"ANSI"下的"ANSI31"图案，如图 2-60(c) 所示，完成初沉池的绘制。

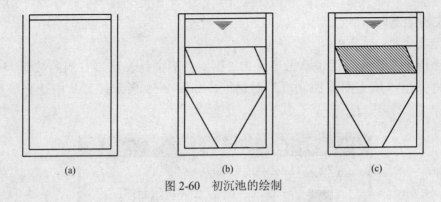

图 2-60　初沉池的绘制

第七节　管道的绘制

本节通过管道的绘制介绍掌握椭圆、镜像和椭圆弧等命令的用法。

管道的尺寸如图 2-61 所示。本节仅介绍管道的绘制方法，尺寸标注等不做要求。

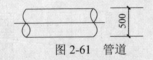

图 2-61　管道

【绘图思路】　使用椭圆、镜像等命令完成管道的绘制。

一、椭圆（ELLIPSE或El）

该命令按指定的方式画椭圆，还可取其一部分成为椭圆弧。AutoCAD 提供了 3 种画椭圆方式：①轴端点方式；②椭圆心方式；③旋转角方式。启动方法：

（1）单击菜单"绘图"→"椭圆"；

（2）在命令行输入"ELLIPSE"或"El"，按【回车】或【空格】键；

（3）单击绘图工具栏图标 ○。

轴端点方式（缺省方式）画椭圆，该方式用定义椭圆与两轴的三个交点（即轴端点）画一个椭圆。

命令激活后，命令行提示：

（1）"指定椭圆的轴端点或 [圆弧 (A)/中心点 (C)]:"指定第"1"点；

（2）"指定轴的另一个端点:"指定该轴上第"2"点；

（3）"指定另一条半轴长度或 [旋转 (R)]:"指定第"3"点确定另一半轴长度，如图 2-62 所示。

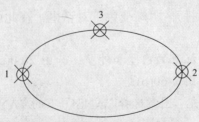

图 2-62　用轴端点方式画椭圆

椭圆心方式画椭圆：该方式用定义椭圆心和椭圆与两轴的各一个交点（即两半轴长）画一个椭圆。

命令激活后，命令行提示：

（1）"指定椭圆的轴端点或 [圆弧 (A)/中心点 (C)]:"输入【C】（选择椭圆心方式）；

（2）"指定椭圆的中心点:"指定椭圆圆心"O"；

（3）"指定轴的端点:"指定轴端点"1"或其半轴长度；

（4）"指定另一条半轴长度或 [旋转 (R)]:"指定轴端点"2"或其半轴长度，如图 2-63 所示。

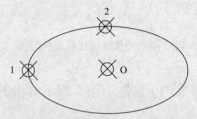

图 2-63　用椭圆心方式画椭圆

旋转角方式画椭圆：该方式是用先定义椭圆长轴的两个端点，然后再指定以这两个端点之间的距离为直径的圆绕该长轴旋转一定角度的方式来画椭圆。旋转角度实际上定义了椭圆长轴与短轴的比例，从而也就确定了椭圆的形状。若旋转角度为 0°，则画出一个圆；旋转角度大于等于 89.4°，椭圆看上去像一条直线；旋转角度为 45°的效果如图 2-64 所示。

命令激活后，命令行提示：

（1）"指定椭圆的轴端点或 [圆弧 (A)/中心点 (C)]:"指定第"1"点；

（2）"指定轴的另一个端点:"指定该轴上第"2"点；

（3）"指定另一条半轴长度或 [旋转 (R)]:"输入【R】（选择旋转角方式），确定；

（4）"指定绕长轴旋转的角度:"指定旋转角度。

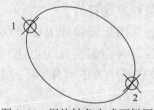

图 2-64　用旋转角方式画椭圆

二、椭圆弧

利用绘制椭圆命令也可画椭圆弧。其方式是启动绘制椭圆命令，首先选择"圆弧（A）"选项，然后采用上述三种方法之一绘出椭圆，再根据提示输入椭圆弧的起点和终点即可。按画椭圆的缺省方式来画椭圆弧操作过程如下。

命令激活后，命令行提示：

（1）"指定椭圆的轴端点或 [圆弧 (A)/中心点 (C)]:"输入【A】（选择画椭圆弧），确定；

（2）"指定椭圆弧的轴端点或 [中心点 (C)]:"指定第"1"点；

（3）"指定轴的另一个端点:"指定该轴上第"2"点；

（4）"指定另一条半轴长度或 [旋转 (R)]:"指定第"3"点确定另一半轴长度；

（5）"指定起始角度或 [参数 (P)]:"指定切断起始点"A"或指定起始角度；

（6）"指定终止角度或 [参数 (P)/包含 (I)]:"指定切断终点"B"或指定终止角度，如图 2-65 所示。

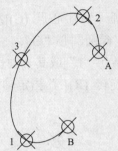

图 2-65　用椭圆弧选项画椭圆弧

操作说明如下。

（1）"指定终止角度或 [参数 (P)/包含 (I)]:"提示时选中"I"选项，可指定保留椭圆段的包含角。

（2）"指定起始角度或 [参数 (P)]:"或"指定终止角度或 [参数 (P)/包含 (I)]:"提示时选中"P"选项，可按矢量方式输入起始或终止角度。

三、镜像（MIRROR或MI）

该命令将选中的对象按指定的镜像线生成对称图形。源对象可以删除，也可以保留。启动方法：

（1）单击菜单栏"修改"→"镜像"；

（2）在命令行输入"MIRROR"或"MI"，按【回车】或【空格】键；

（3）单击修改工具栏图标 ⚠️。

命令激活后，命令行提示：

（1）"选择对象:"选择要镜像的对象；

（2）"选择对象:"回车（结束对象选择）；

（3）"指定镜像线上的第一点:"指定镜像线上任一点；

（4）"指定镜像线上的第二点:"再指定镜像线上任一点；

（5）"是否删除源对象? [是 (Y)/否 (N)] ＜N＞:"回车。

操作说明如下。

（1）出现"是否删除源对象? [是 (Y)/否 (N)] ＜N＞:"提示时，选择"Y"，则删除源对象，选择"N"，则不删除源对象。

（2）在选择要镜像的对象时，一般是用交叉窗口方式选择对象。

（3）系统变量 MIRRTEXT 控制文字对象在镜像复制时是否反转。MIRRTEXT 取值为 1 时，文字对象反转；MIRRTEXT 取值为 0 时，文字对象不反转，如图 2-66 所示。

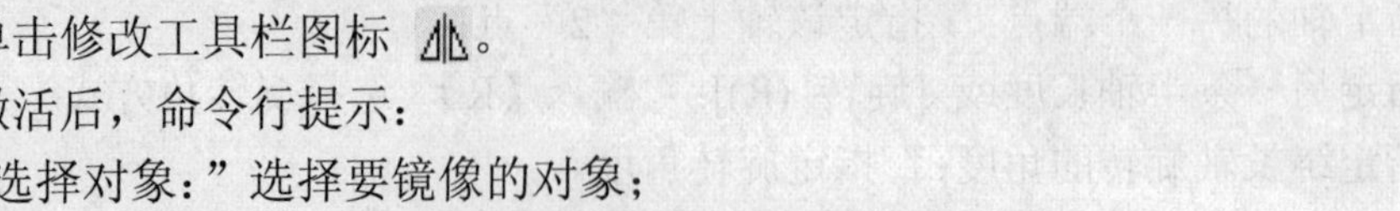

环境工程计算机辅助设计　　　　　环境工程计算机辅助设计

环境工程计算机辅助设计　　　　　环境工程计算机辅助设计

(a) MIRRTEXT=0　　　　　　　　　　　(b) MIRRTEXT=1

图 2-66　用 MIRRTEXT 变量控制文字对象

【例 2-16】 管道的绘制。

(1) 启动直线和椭圆弧命令绘制图 2-67(a)；

(2) 使用镜像命令绘制图 2-67(b)。

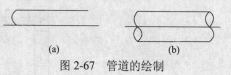

(a)　　　　(b)

图 2-67　管道的绘制

第八节　弯管的绘制

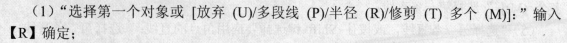

本节通过弯管的绘制方法，介绍圆角、倒角等命令的用法。

管道的尺寸如图 2-68 所示。本节仅介绍弯管的绘制方法，尺寸标注等不做要求。

【绘图思路】 使用圆角等命令完成弯管的绘制。

一、圆角（FILLET或F）

该命令可用一条指定半径的圆弧光滑连接两条直线、两段圆弧或圆等对象，也可用该圆弧对封闭的二维多段线中的各线段交点倒圆角。启动方法：

(1) 单击菜单"修改"→"圆角"；

(2) 在命令行输入"FILLET"或"F"，按【回车】或【空格】键；

(3) 单击修改工具栏图标。

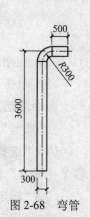

图 2-68　弯管

命令激活后，命令行提示：

当前模式：模式 = 修剪，半径 = 10.0000 （信息行）

(1) "选择第一个对象或 [放弃 (U)/多段线 (P)/半径 (R)/修剪 (T) 多个 (M)]："输入【R】确定；

(2) "指定圆角半径＜10.0000＞："指定圆角半径；

(3) "选择第一个对象或 [放弃 (U)/多段线 (P)/半径 (R)/修剪 (T) 多个 (M)]："可选择第一条线段；

(4) "选择第二个对象或按住 Shift 键选择要应用角点的对象："选择第二条线段；

选项说明如下。

(1) 多段线 (P)：该选项通过圆角将整个多段线连接起来。

(2) 修剪 (T)：设定是否修剪选定对象。

(3) 多个 (M)：可以为多个对象添加圆角，而不必重新启动命令。

【例 2-17】 管道的绘制。

(1) 使用直线命令绘制图 2-69(a)；

(2) 使用圆角命令，圆角半径为 300，选用"多个 (M)"方式，绘制图 2-69(b)；

(3) 使用圆角命令，圆角半径为 150，绘制图 2-69(c)，完成管道的绘制。

二、倒角 (CHAMFER或CHA)

该命令可按指定的距离或角度在一对非平行直线上作出有斜度的倒角，也可对封闭的多段线（包括多段线、多边形、矩形）各直线段交点处同时进行倒角。启动方法：

(1) 单击菜单"修改"→"倒角"；

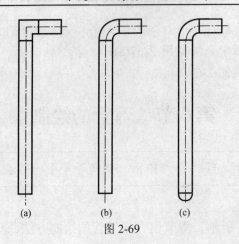

(a)　　　　　(b)　　　　　(c)

图 2-69

（2）在命令行输入"CHAMFER"或"CHA"，按【回车】或【空格】键；

（3）单击修改工具栏图标 。

命令激活后，命令行提示：

（"修剪"模式）当前倒角距离 1 = 10.0000，距离 2 = 10.0000 （信息行）

（1）"选择第一条直线或 [放弃 (U)/多段线 (P)/距离 (D)/角度 (A)/修剪 (T)/方式 (E)/多个 (M)]:"输入【D】，确定；

（2）"指定第一个倒角距离<10.0000>:"指定第一个倒角距离；

（3）"指定第二个倒角距离<10.0000>:"指定第二个倒角距离；

（4）"选择第一条直线或 [放弃 (U)/多段线 (P)/距离 (D)/角度 (A)/修剪 (T)/方式 (E)/多个 (M)]:"选择第一条直线；

（5）"选择第二条直线，或按住 Shift 键选择要应用角点的直线:"选择第二条直线；

操作说明如下。

（1）多段线 (P)：该选项通过圆角将整个多段线连接起来。

（2）距离 (D)：可设定倒角两边的距离。

（3）角度 (A)：可设定倒角的角度和倒角距离。

（4）修剪 (T)：设定是否修剪选定对象。

（5）方式 (E)：可设定是使用两个距离，还是一个距离一个角度来创建倒角。

（6）多个 (M)：可以为多个对象添加倒角，而不必重新启动命令。

第九节　图块的绘制

本节通过标高图块的创建与插入，介绍图块的创建、图块的插入和定义图块属性等命令。

图块和属性是 AutoCAD 绘制相同符号或图形的一种有效方法。绘制图形时，有时需要多次绘制相同的符号或图形，这时，用户可将这些常用符号或图形定义成图块或带有属性的图块，根据需要将其按任意比例、任意旋转角度插入到图中任意位置，且可进行无限制次数地插入。AutoCAD 将图块中的符号或图形作为一个整体来处理。利用图块和属性功能绘图，第一可避免重复绘制相同图形、便于图形的修改、同时输入非图形信息，并可用来建立常用图形库，从而提高绘图效率；第二可节约图形文件占用磁盘空间；第三可使绘制的工程图规范、统一。

如图 2-70 所示，本节通过创建带属性的标高图块，讲解图块的制作。

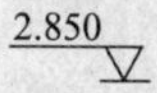

$$\underset{\triangledown}{2.850}$$

图 2-70　带属性的标高图块

【绘图思路】　①绘制图形符号；②定义块属性；③定义带有属性的图块；④保存块；⑤插入带属性的块。

一、创建内部图块（Block或B）

内部图块是用一个名字标识的一组实体。这一组实体能放进一张图纸中，可以进行任意比例的转换、旋转并放置在图形中的任意地方。

启动方法：

（1）单击菜单"绘图"→"块"→"创建"；

（2）在命令行输入"Block"或"B"，按【回车】或【空格】键；

（3）单击绘图工具栏图标🖫。

命令激活后，打开"块定义"对话框，如图 2-71 所示。利用该对话框可以将已经绘制的图形定义成块，并且可以对其命名。

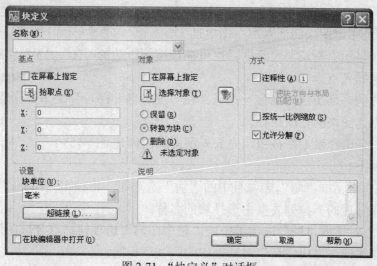

图 2-71　"块定义"对话框

操作说明如下。

（1）名称：在输入框中输入块的名字。

（2）基点：该命令是图形插入过程中进行旋转或比例调整的基准点。可以通过鼠标在屏幕上指定，也可以通过输入坐标来确定基点。

（3）对象：选取要定义块的实体。在定义块时需要先选取实体。

　　① 保留：保留显示所选取的要定义块的实体图形。

　　② 转换为块：选取的实体转化为块。

　　③ 删除：删除所选取的实体图形。

　　（4）块单位：设置块的单位。为了方便对块的处理，一般不选择单位。

　　（5）说明：输入关于块的一些说明文字。

二、创建外部图块（Wblock或W）

　　外部图块是把所选取的实体定义为块，然后把它作为一个独立图形写入磁盘中，然后在其他图形中进行调用。启动方法：在命令行输入"Wblock"或"W"，按【回车】或【空格】键；

　　命令激活后，打开"写块"对话框，如图2-72 所示。

　　以绘制的某部分对象直接定义成外部图块为例，操作步骤如下。

　　选择要定义的对象：在"源"选项组中选择"对象"选项钮，再单击"选择对象"按钮返回图纸，同时命令行出现提示：

　　（1）"选择对象："选择要定义的对象；

　　（2）"选择对象："【回车】，返回"写块"对话框。

　　确定图块的插入点：单击"拾取点"按钮返回图纸，同时命令行出现提示："指定插入基点："在图上指定图块的插入点；指定插

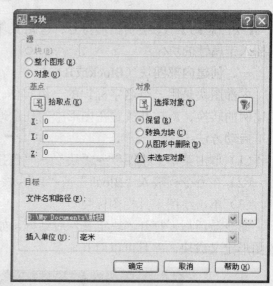

图 2-72　"写块"对话框

入点后，又重新显示"写块"对话框。也可在该按钮下边的"X"、"Y"、"Z"文本框中输入坐标值来指定插入点。

　　输入要创建的外部图块的名称及路径：在"文件名和路径"文本框中输入要创建的图块名称及所要创建图块的存放路径。

　　完成创建：单击"确定"按钮，完成外部图块的创建。

　　操作说明如下。

　　（1）"写块"对话框"源"选项组中的"块"选项钮：将使用"Block"命令创建的块写入磁盘，可在其后的下拉列表框中选择块的名称。

　　（2）"写块"对话框"源"选项组中的"整个图形"选项钮：将全部图形写入磁盘。

　　（3）其他操作项与"块定义"对话框中的同类项相同。

三、插入块（Insert、Ddinsert或I）

　　所谓插入图块，就是将已经定义的图块插入到当前图形中。在当前图形中，既可插入在当前图形中创建的内部图块，也可插入用另一文件形式创建的外部图块。插入块时，我们可以根据实际需要将图块按给定的缩放系数、旋转角度插入到指定的任一位置，或分解后插入到指定的任一位置。启动方法：

　　（1）单击菜单"插入"→"块"；

（2）在命令行输入"Insert"、"Ddinsert"或"I"，按【回车】或【空格】键；

（3）单击绘图工具栏图标 ❏ 。

命令激活后，将弹出图 2-73 所示的"插入"对话框。其操作如下。

选择图块：从"插入"对话框的"名称"下拉列表中选择一个已有的图块名。如果是插入在当前图中创建的内部图块，则在该下拉列表中一定存在该图块名；如果是插入用另一文件创建的外部图块，且是第一次，应单击"浏览…"按钮，并从随后弹出的对话框中指定路径，然后单击所要的图块名称，被选中的图块名称将出现在"插入"对话框"名称"的窗口中（也可直接在"名称"的窗口中键入路径及图块名）。

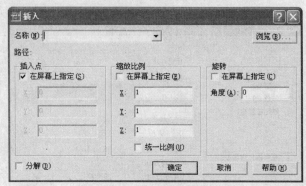

图 2-73　"插入"对话框

指定插入点、缩放比例、旋转角度：将"插入点"、"缩放比例"、"旋转"3 个选项组中"在屏幕上指定"的开关都打开，单击"确定"按钮，AutoCAD 将退出"插入"对话框返回图纸，同时命令出现提示：

（1）"指定插入点或 [基点 (B) 比例 (S)/X/Y/Z/旋转 (R)]：在图纸上用鼠标捕捉指定插入点；

（2）"输入 X 比例因子，指定对角点，或者[角点 (C)/XYZ]<1>："从键盘输入 X 方向比例因子或拖动指定；

（3）"输入 Y 比例因子或<使用 X 比例因子>："从键盘输入 Y 方向比例因子或拖动指定；

（4）"指定旋转角度<0>："从键盘输入插入后图块相对于插入点的旋转角度或拖动指定；

操作说明如下。

（1）在"插入"对话框中，如果打开了"在屏幕上指定"开关，表示要从图上来指定插入点、比例、旋转角度。如果关闭它们，则表示要用对话框中的文本框来指定。

（2）在"插入"对话框中，如果打开了"分解"开关，表示图块插入后要分解成一个一个的单一对象，这样将使这张图所占磁盘空间增大。如果关闭该开关，插入后图块是一个对象，但无法对其中的某部分执行编辑命令。可先按缺省状态关闭"分解"开关，需要编辑该图块中某部分时，再使用分解命令将图块炸开。

四、块属性（Attdef或Att）

所谓的图块属性就是附着在图块上的非图形信息，这些属性从属于图块，是图块的组成部分，是附加在块上的文字说明。属性不同于块中的一般文本，它依赖于块的存在而存在。

要创建属性，首先创建描述属性特征的属性定义。特征包括标记（标识属性的名称）、插入块时显示的提示、属性的默认值、文字样式、位置和模式。创建属性定义后，定义块将属性定义当作一个对象来选择。插入块时都将用指定的属性文字作为提示。

块属性启动方法：

（1）单击菜单"绘图"→"块"→"定义属性"；

（2）在命令行输入"Attdef"或"Att"，按【回车】或【空格】键。

命令激活后，将弹出图 2-74 所示的"属性定义"对话框。

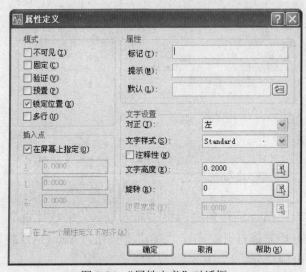

图 2-74　"属性定义"对话框

该对话框中主要选项含义如下。

1. "模式"选项组

（1）"不可见"复选框：设置插入块后是否显示属性的值。选中该复选框，属性不可见，即插入块并输入属性值后，属性值不在图形中显示。否则将在块中显示相应的信息。

（2）"固定"复选框：设置属性是否为固定值。选中该复选框，属性为定值。

（3）"验证"复选框：设置对属性值校验与否。选中该复选框，插入块时，当用户根据提示输入值后，AutoCAD 会再给出一次提示，让用户校验所输入的属性值是否正确，否则不要求校验。

（4）"预置"复选框：选中该复选框，表示插入块时，系统不再提示输入该属性值，但是可在插入块后更改该属性值。

（5）"锁定位置"复选框：锁定块参照中属性的位置。

（6）"多行"复选框：指定的属性值可以包含多行文字。

2. "属性"选项组

"标记"文本框用于确定属性的标记名；"提示"文本框用于确定插入块时，AutoCAD 提示用户输入属性值的提示信息；"默认"文本框用于设置属性的默认值。

3. 插入点选项组

可以设置属性值插入点的坐标，分别在 X、Y、Z 文本框输入点的坐标即可，或选中"在屏幕指定"，就可以在屏幕上指定插入点位置。

4. "文字选项"选项组

该选项组用于确定属性文字的格式，各项含义如下。

（1）"对正"下拉列表框：确定属性文字相对于插入点的排列方式。从相应的下拉列表中选择即可。

（2）"文字样式"下拉列表框：确定属性文字的样式。从相应的下拉列表中选择即可。这部分内容在第三章第八节有详细介绍。

（3）"文字高度"按钮：确定属性文字的高度。可直接在对应文本框中输入高度值，也可以单击"文字高度"按钮，在绘图屏幕上确定。

（4）"旋转"按钮：确定属性文字行的旋转角度。可直接在对应文本框中输入角度值，也可以单击"旋转"按钮，在绘图屏幕上确定。

5. "在上一个属性定义下对齐"复选框

选中该复选框，表示当前属性采用上一个属性的文字样式、字高以及旋转角度，且另起一行按上一个属性的对正方式排列。

确定了"属性定义"对话框中的各项内容后，单击对话框中的"确定"按钮，AutoCAD完成一次属性定义。可以用上述方法为块定义多个属性。

五、编辑块属性

1. 使用"块属性管理器"编辑块属性

启动方法：

（1）单击菜单"修改"→"对象"→"属性"→"块属性编辑器"；

（2）在命令行输入"Battman"，按【回车】或【空格】键；

命令激活后，将弹出图 2-75 所示"块属性管理器"对话框。

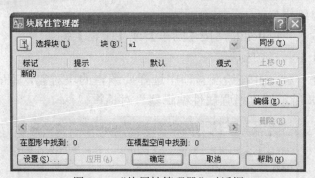

图 2-75 "块属性管理器"对话框

在"块属性编辑器"对话框中，被选定的块的属性显示在属性列表中。在属性列表中显示的属性特性是通过单击 设置(S)... 按钮，打开"块属性设置"对话框来指定的，如图 2-76 所示。

当需要编辑块属性时，可单击 编辑(E)... 按钮，打开"编辑属性"对话框进行编辑，如图 2-77 所示。

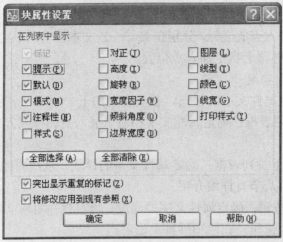

图 2-76 "块属性设置"对话框

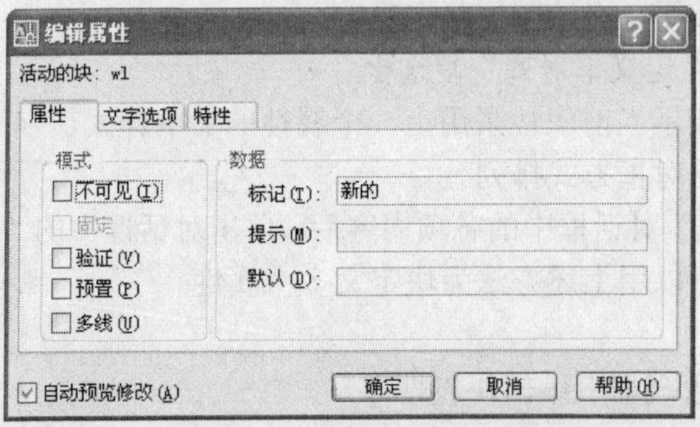

图 2-77 "编辑属性"对话框

2. 使用"增强属性编辑器"编辑块属性

启动方法：

（1）单击菜单"修改"→"对象"→"属性"→"单个"，或者单击菜单"修改"→"对象"→"属性"→"编辑"；

（2）在命令行输入"Eattedit"，按【回车】或【空格】键；

（3）单击修改Ⅱ工具栏图标。

以上方法调用任一种，并在绘图窗口中选择要编辑的块对象，或者直接双击带属性的块，都将弹出图 2-78 所示的"增强属性编辑器"对话框。

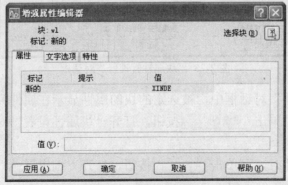

图 2-78 "增强属性编辑器"对话框

"增强属性编辑器"对话框含有 3 个选项卡，可以根据需要更改属性特性和属性值。

【例 2-18】　带属性的标高图块的制作。

（1）绘制图形符号。使用直线、正多边形等命令绘制标高符号，如图 2-79 所示。

图 2-79　标高符号

（2）定义块属性。选择"绘图"→"块"→"定义属性"，打开"属性定义"对话框创建块属性，设置如图 2-80 所示，单击"确定"按钮。这时关闭"属性定义"对话框，在屏幕上用鼠标指定标记的插入点，如图 2-81 所示。

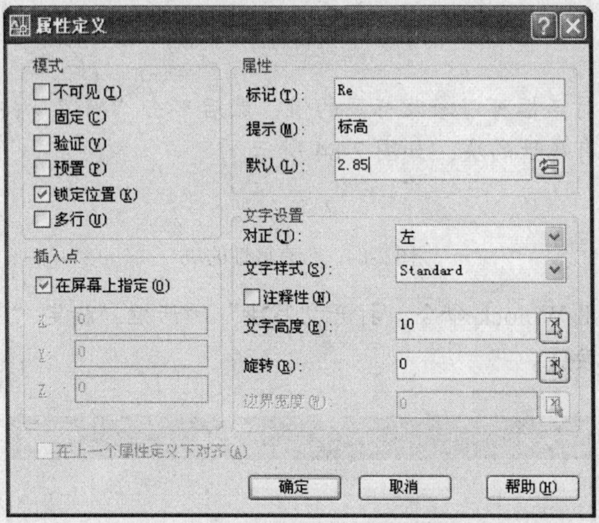

图 2-80　"属性定义"对话框的设置内容

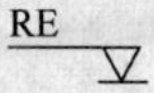

图 2-81

（3）定义带有属性的图块。单击绘图工具栏图标，打开"块定义"对话框，并按图 2-82 所示进行设置。

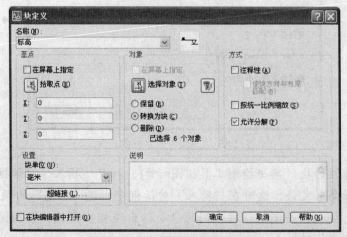

图 2-82　定义带属性的标高块设置

在"名称"中输入"标高"；在"对象"选项组中，单击"选择对象"图标，同时关闭"块定义"对话框，用鼠标选取标高符号。重新打开"块定义"对话框，这时对话框中出现了标高块的预览。在"基点"选项组中，选择"在屏幕上指定"，然后单击"确定"按钮，关闭对话框，在屏幕上拾取块的插入基点。拾取后，打开"编辑属性"对话框，如图2-83所示。

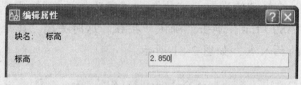

图2-83　"编辑属性"对话框

在"编辑属性"对话框可以修改标高的值，然后单击"确定"按钮，完成块的创建，这时屏幕上显示出带有属性的块，如图2-84所示。

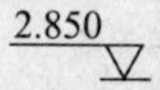

$$\underset{\nabla}{\underline{2.850}}$$

图2-84　带有属性的块

（4）保存块。调用Wblock命令，打开"写块"对话框，指定"源"和"目标"，如图2-85所示，单击确定按钮。

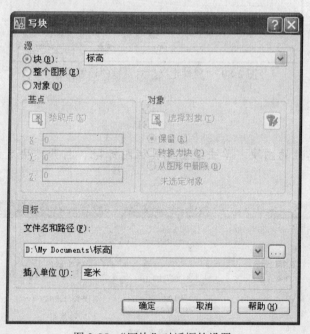

图2-85　"写块"对话框的设置

（5）插入带属性的块。单击绘图工具栏图标，打开"插入"对话框。在"名称"下拉列表中选择"标高"文件，这时在"插入"对话框中出现"标高"的预览，如图2-86所示。单击"确定"按钮，关闭对话框，同时命令行出现相应提示，根据提示进行所需标高块的设置操作，完成块的插入。

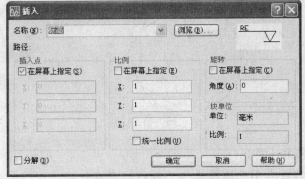

图 2-86　"插入"对话框

第十节　其他命令

本节主要介绍前面没有涉及的命令的用法。包括正多边形、样条曲线、修订云线、圆环、拉伸、打断、合并、缩放、分解等命令。

一、正多边形（Polygon或Pol）

在 AutoCAD 2008 中可以绘制边数为 3～1024 的正多边形。启动方法：

（1）单击菜单"绘图"→"正多边形"；

（2）在命令行输入"Polygon"或"Pol"，按【回车】或【空格】键；

（3）单击绘图工具栏中图标⬠。

命令激活后，命令行提示：

（1）"POLYGON 输入边的数目 <4>："输入边数，再确定；

（2）"指定正多边形的中心点或 [边 (E)]："指定中心点；

（3）"输入选项 [内接于圆 (I)/外切于圆 (C)] <I>："。

绘制多边形的方法可以分为内接于圆、外切于圆和边三种。操作说明如下。

（1）边 (E)：使用边的方法绘制正多边形；

（2）内接于圆 (I)：内接于圆的方法绘制正多边形；

（3）外切于圆 (C)：外切于圆的方法绘制正多边形。

【例2-19】　如图 2-87 所示绘制正六边形。

（1）绘制半径为 50 的圆；

（2）启动正多边形命令，边的数目为 6；

（3）"输入选项 [内接于圆 (I)/外切于圆 (C)] <I>："输入【I】，确定；

（4）"指定圆的半径："输入圆的半径 50，确定。

（5）再次启动多边形命令，边的数目为 6；

（6）"输入选项 [内接于圆 (I)/外切于圆 (C)] <I>："输入【C】，确定；

（7）"指定圆的半径："输入圆的半径 50，确定。

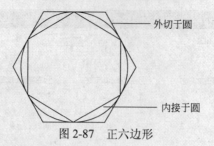

图 2-87　正六边形

二、样条曲线（Spline或Spl）

样条曲线命令是特殊专用的操作命令，执行样条曲线命令可以完成建筑测量等高线的计算机绘制操作。启动方法：

（1）单击菜单"绘图"→"样条曲线"；

（2）在命令行输入"Spline"或"Spl"，按【回车】或【空格】键；

（3）单击绘图工具栏中图标～。

命令激活后，命令行提示：

（1）"指定第一个点或 [对象 (O)]:"用鼠标左键指定第一点的位置，确定；

（2）"指定下一点:"下一点坐标；

（3）"指定下一点或 [闭合 (C)/拟合公差 (F)] <起点切向>:"下一点坐标；

（4）"指定下一点或 [闭合 (C)/拟合公差 (F)] <起点切向>:"下一点坐标；

（5）"指定起点切向:"起点切向；

（6）"指定端点切向:"端点切向。

【例 2-20】　绘制如图 2-88 所示的样条曲线。

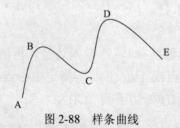

图 2-88　样条曲线

（1）启动样条曲线命令，用鼠标左键指定任意一点，如图 2-88 的 A 点；

（2）"指定下一点:"，指定 B 点；

（3）"指定下一点或 [闭合 (C)/拟合公差 (F)] <起点切向>:"指定 C 点；

（4）"指定下一点或 [闭合 (C)/拟合公差 (F)] <起点切向>:"指定 D 点；

（5）"指定下一点或 [闭合 (C)/拟合公差 (F)] <起点切向>:"指定 E 点；

（6）"指定起点切向:"选择起点 A 切线方向；

（7）"指定端点切向:"选择端点 E 切线方向。

三、修订云线（Revcloud）

修订云线（图 2-89）启动方法：

（1）单击菜单"绘图"→"修订云线"；

（2）在命令行输入"revcloud"，按【回车】或【空格】键；

（3）单击绘图工具栏中图标 。

命令激活后，命令行提示：

（1）"最小弧长：0.5000　　最大弧长：0.5000　　样式：普通"；

（2）"指定起点或 [弧长 (A)/对象 (O)/样式 (S)] <对象>："拖动鼠标绘制云线，如图 2-89 所示。

（3）"沿云线路径引导十字光标…

修订云线完成。"

图 2-89　修订云线

操作说明如下。

（1）弧长 (A)：设置云线最小弧长和最大弧长。

（2）对象 (O)：将封闭的对象转为修订云线。

（3）样式 (S)：设置云线样式。

四、圆环（Donut或Do）

由圆环命令生成的图形对象是两个同心的圆，一般情况下，两个同心圆的大小应有区别，当内圆的直径为零时，所生成的图形为实心圆点。启动方法：

（1）单击菜单"绘图"→"圆环"；

（2）在命令行输入 "Donut" 或 "Do"，按【回车】或【空格】键。

命令激活后，命令行提示：

（1）"指定圆环的内径 <0.5000>："输入圆环的内径；

（2）"指定圆环的外径 <1.0000>："输入圆环的外径；

（3）"指定圆环的中心点或 <退出>："用鼠标左键指定圆环的中心点；

（4）"指定圆环的中心点或 <退出>："继续指定相同内外径的圆环的中心点。

需要说明的是：所绘制的圆环是一个整体，使用分解 (Explode) 命令将其分解后，转变为直径为圆环内外径平均数的一个圆。分解 (Explode) 命令的操作方法，将在本节第"九"点中进行讲解。

【例 2-21】　绘制内径为 15，外径为 30 的圆环，如图 2-90(a) 所示。

（1）启动圆环命令，命令行提示"指定圆环的内径 <0.5000>："内径 15，确定；如果半径设定为 0 的话，则效果如图 2-90(b) 所示；

（2）"指定圆环的外径 <1.0000>："外径 30，确定；

（3）"指定圆环的中心点或 <退出>："在绘图区指定圆环中心点的位置；

（4）"指定圆环的中心点或 <退出>："【回车】、【空格】或【Esc】键终止命令。

如果不想绘制出实心的圆环，可以通过以下操作进行设置：

（1）在命令行输入 "fill"，确定；

（2）命令行提示："输入模式 [开 (ON)/关 (OFF)] <关>："输入 "Off"，确定；

（3）启动圆环命令，绘制效果如图 2-90(c) 所示。

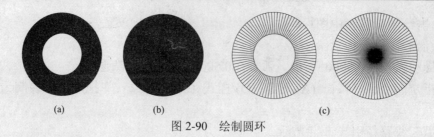

(a)　　　　　　　(b)　　　　　　　(c)

图 2-90　绘制圆环

五、拉伸（Stretch或S）

拉伸是指拖拉选择的对象，使对象的形状发生改变，同时也可以按需要对图形的形状做局部调整。启动方法：

（1）单击菜单"修改"→"拉伸"；

（2）在命令行输入"Stretch"或"S"，按【回车】或【空格】键；

（3）单击绘图工具栏中图标 。

命令激活后，命令行提示：

（1）"以交叉窗口或交叉多边形选择要拉伸的对象…

选择对象："以交叉选取方式选择要拉伸的对象。交叉选取的方式见第一章第七节"三、交叉选取（从右往左选取）"；

（2）"指定基点或 [位移 (D)] <位移>："在绘图区指定拉伸的基点；

（3）"指定第二个点或 <使用第一个点作为位移>："指定拉伸操作的参考点坐标，确定。

值得说明的是：叉选框框选的必须是对象的需要拉伸的部分，如果对象的全部被叉选框框中的话，则实现不了拉伸的效果，只是实现移动的效果。

【例 2-22】 根据图 2-91(b)的尺寸，调整本章第二节的反应池的大小。

（1）打开反应池图纸，如图 2-6 所示，启动拉伸命令；

（2）"以交叉窗口或交叉多边形选择要拉伸的对象…

选择对象："叉选需要拉伸的部分，如图 2-91(a) 所示；

（3）"指定基点或 [位移 (D)] <位移>："在绘图区指定拉伸的基点；

（4）"指定第二个点或 <使用第一个点作为位移>："输入距离 300，确定，如图 2-91(b)所示。

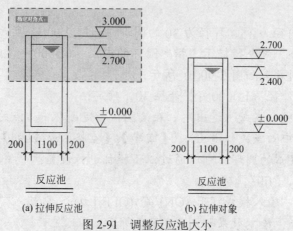

(a) 拉伸反应池　　　　　　　(b) 拉伸对象

图 2-91　调整反应池大小

六、打断（Break或Br）

使用打断命令可以将一个对象分为两个对象，对象之间可以具有间隙，可以没有间隙。打断命令主要用于删除断点之间的对象，因为某些删除操作是不能由删除命令和修剪命令完成的。

1. 打断于点

启动方法：

（1）单击菜单"修改"→"打断"；

（2）在命令行输入"Break"或"Br"，按【回车】或【空格】键；

（3）单击绘图工具栏中图标▢；

命令激活后，命令行提示：

（1）"BREAK 选择对象："选择打断对象；

（2）"指定第二个打断点或 [第一点 (F)]："输入字母【F】，确定；

（3）"指定第一个打断点："选择打断点；

（4）"指定第二个打断点："重复选择上一个打断点。

操作说明：如果在"指定第二个打断点 或 [第一点 (F)]："提示中不键入字母【F】，则 AutoCAD 将选择对象时的选择点默认为第一点。

【例 2-23】 将图 2-92 中的直线打断于 A 点。

（1）绘制任意一条直线；

（2）启动打断命令，"BREAK 选择对象："选择打断直线；

（3）"指定第二个打断点或 [第一点 (F)]："输入字母【F】，确定；

图 2-92　打断于点

（4）"指定第一个打断点："选择 A 点为打断点；

（5）"指定第二个打断点："重复选择 A 点。

2. 打断

启动方法：

（1）单击菜单"修改"→"打断"；

（2）在命令行输入"Break"或"Br"，按【回车】或【空格】键；

（3）单击绘图工具栏中图标▢；

命令激活后，命令行提示：

（1）"BREAK 选择对象："选择打断对象；

（2）"指定第二个打断点 或 [第一点 (F)]："输入字母【F】，确定；

（3）"指定第一个打断点："选择打断点；

（4）"指定第二个打断点："选择另一个打断点。

【例 2-24】 将图 2-93(a)中的直线打断于 A、B 点。

（1）绘制任意一条直线；

（2）启动打断命令，"BREAK 选择对象："选择打断直线；

（3）"指定第二个打断点 或 [第一点 (F)]："输入字母【F】，确定；

（4）"指定第一个打断点："选择 A 点为打断点；

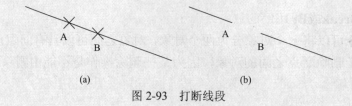

图 2-93 打断线段

（5）"指定第二个打断点："选择 B 点为第二个打断点，效果如图 2-93(b) 所示。

七、合并（Join或J）

使用合并命令可以将直线、多段线、圆、圆弧、椭圆弧和样条曲线等独立的线段合并为一个对象。

启动方法：

（1）单击菜单"修改"→"合并"；

（2）在命令行输入"Join"或"J"，按【回车】或【空格】键；

（3）单击绘图工具栏中图标 ➤➤ 。

命令激活后，命令行提示：

（1）"JOIN 选择源对象："选择合并对象；

（2）"选择要合并到源的直线："选择要合并的对象，确定；

（3）"选择要合并到源的直线：找到 1 个

已将 1 条直线合并到源"。

合并操作说明如下。

（1）直线：直线对象必须共线 (位于同一无限长的直线上)，但是它们之间可以有间隙。

（2）多段线：选择要合并到源对象的对象：选择一个或多个对象，确定。对象可以使直线、多段线或圆弧。对象之间不能有间隙，并且必须位于与 UCS 的 XY 平面平行的同一平面上。

（3）圆弧：圆弧对象必须位于同一个假想的圆上，但是它们之间可以有间隙。合并两条或多条圆弧时，将从源对象开始逆时针方向合并圆弧。

（4）椭圆弧：椭圆弧必须位于同一椭圆上，但是它们之间可以有间隙。"闭合"选项可以椭圆弧闭合成完整的椭圆。合并两条或多条椭圆弧时，将从源对象开始逆时针方向合并椭圆弧。

【例 2-25】 将图 2-93(b)打断的直线合并。

（1）启动合并命令，"JOIN 选择源对象："选择要合并的左边线段；

（2）"选择要合并到源的直线："选择右边线段，确定；

（3）完成合并效果如图 2-94 所示。

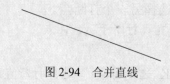

图 2-94 合并直线

八、缩放（Scale或Sc）

图形绘制中，不仅需要调整图形的位置，有时也需要调整图形的大小，利用缩放命令可以将所选的实体对象作等比例的放大或缩小。

启动方法：

（1）单击菜单"修改"→"缩放"；

（2）在命令行输入"Scale"或"Sc"，按【回车】或【空格】键；

（3）单击绘图工具栏中图标□；

激活命令后，选择需要缩放的对象，并确定。命令行提示：

（1）"指定基点："指定基点的位置，确定；

（2）"指定比例因子或 [复制 (C)/参照 (R)]"输入缩放的比例因子，确定。大于 1 为放大，小于 1 为缩小。

"指定比例因子或 [复制 (C)/参照 (R)]"操作说明如下。

（1）如果在命令行提示中输入字母【C】，就可以复制缩放对象，即缩放对象时，保留原对象。

（2）在命令行提示中输入字母【R】，激活参考缩放对象。命令行提示："指定参照长度<1.0000>："指定参考长度值；"指定新的长度或 [点 (P)] <1.0000>："指定新长度值。

（3）可以用拖动鼠标的方法缩放对象。选择对象并指定基点后，从基点到当前光标位置会出现一条连线，线段的长度即为比例大小。移动鼠标，选择的对象会动态地随着该连线长度的变化而缩放。

【例 2-26】 移动 Tablet.dwg 图形中的某些图元。

（1）打开"\AutoCAD 2008\Sample\Tablet.dwg"；

（2）找到需要缩放的图元"SCALE"，如图 2-95(a) 所示；

（3）激活缩放命令，选择该图元，并确定；

（4）指定缩放的基点：矩形框左下角；

（5）放大 2 倍，实现如图 2-95(b) 所示的效果。

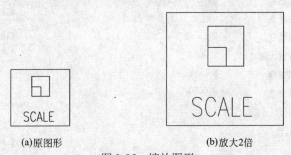

(a)原图形　　　　　　　　(b)放大2倍

图 2-95　缩放图形

九、分解（Explode或X）

有些 AutoCAD 绘图命令生成的图形是一个整体，如多段线、矩形、多行文本、填充块、图块等使用分解命令可以将其分解，以便对单个对象进行编辑。启动方法：

（1）单击菜单"修改"→"分解"；

（2）在命令行输入"Explode"或"X"，按【回车】或【空格】键；

（3）单击绘图工具栏中图标。

激活命令后，选择需要分解的对象，并确定。

第十一节　特性匹配与图像查询

> 本节主要介绍图元匹配、修改图元属性与图像查询等内容。

一、属性匹配（**Matchprop或Ma**）

由 AutoCAD 创建的实体，其本身都有一些属性，如样式、颜色、线型等、图层等。AutoCAD 提供了一个属性拷贝命令，把一个实体的属性复制给一个或一组实体，使这些实体的属性与源实体的属性与一致。启动方法：

（1）单击菜单"修改"→"特性匹配"；

（2）在命令行输入"Matchprop"或"Ma"，按【回车】或【空格】键；

（3）单击绘图工具栏中图标 ✐ 。

命令激活后，命令行提示：

（1）"选择源对象："用鼠标选择源实体；

（2）"当前活动设置：颜色 图层 线型 线型比例 线宽 厚度 打印样式 标注 文字 填充图案 多段线 视口 表格材质 阴影显示 多重引线

选择目标对象或 [设置 (S)]:"选择需要匹配的对象，确定；

[设置 (S)]操作说明：输入字母【S】，出现如图 2-96 所示的对话框，将不需要复制的属性前面的小勾去掉。然后选择需要更改属性的实体。

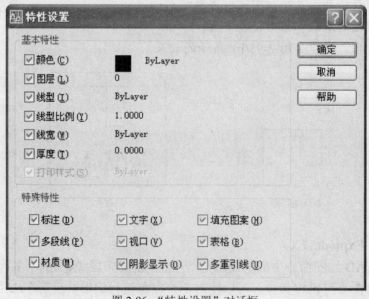

图 2-96 "特性设置"对话框

二、图元编辑（**Properties、Pr或Mo**）

在使用 AutoCAD 绘图时，每创建一个图形实体或文字实体，AutoCAD 就把这个实体的各项信息都存储在系统数据库中，正是这些信息决定了实体的形状、大小、颜色等特性。利用图元编辑，可以修改单个实体的所有参数，包括图层、颜色、样式等有关参数。启动方法：

（1）单击菜单"修改"→"特性"；

（2）在命令行输入"Properties"、"Pr"或"Mo"，按【回车】或【空格】键；

（3）单击绘图工具栏中图标 。

启动后，出现如图 2-97 的对话框。点击需要修改的图元，特性对话框就会显示该图元的相应参数，通过修改其中的参数来修改图元的属性。

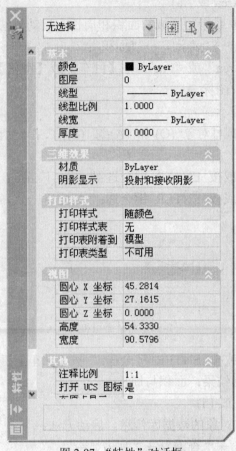

图 2-97　"特性"对话框

三、图像查询

在 AutoCAD 中，常用的查询命令都放在"查询"工具栏中，如图 2-98 所示。

图 2-98　"查询"工具栏

1. 查询距离 (Dist 或 Di)

Dist 命令用于测量两点之间的距离和角度。启动方法：

（1）单击菜单"工具"→"查询"→"距离"；

（2）在命令行输入"Dist"或"Di"，按【回车】或【空格】键；

（3）单击查询工具栏中图标 ▦ 。

命令激活后，命令行提示：

（1）"DIST 指定第一点："用鼠标左键指定测量第一点的位置；

（2）"指定第二点："用鼠标左键指定测量第二点的位置。

在命令窗口中显示查询结果，包括：距离与角度、两点之间坐标增量。

2. 获取面积和周长 (Area 或 Aa)

Area 命令用于计算对象或指定区域的面积和周长。启动方法：

（1）单击菜单"工具"→"查询"→"面积"；

（2）在命令行输入"Area"或"Aa"，按【回车】或【空格】键；

（3）单击查询工具栏中图标 ▦ 。

命令激活后，命令行提示：

（1）"指定第一个角点或 [对象 (O)/加 (A)/减 (S)]："指定所要查询的面积和周长，如图 2-99 的 A 点；

（2）"指定下一个角点或按 ENTER 键全选："指定下一点，如图 2-99 的 B 点；

（3）"指定下一个角点或按 ENTER 键全选："指定下一点，如图 2-99 的 C 点；

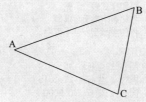

图 2-99　测量面积和周长

（4）"指定下一个角点或按 ENTER 键全选："按【回车】键表示结束。

在命令窗口中显示查询结果：面积与周长。

3. 列表对象信息 (List 或 Li)

List 命令用于显示选定对象的数据库信息。启动方法：

（1）单击菜单"工具"→"查询"→"列表显示"；

（2）在命令行输入"List"或"Li"，按【回车】或【空格】键；

（3）单击查询工具栏中图标 ▦ 。

命令激活后，命令行提示：

（1）"选择对象："选择要查询的对象；

（2）"选择对象："按【回车】键表示结束。

4. 显示当前点坐标值 (ID)

ID 命令用于查询指定点的坐标值。启动方法：

（1）单击菜单"工具"→"查询"→"点坐标"；

（2）在命令行输入"DI"，按【回车】或【空格】键。

命令激活后，命令行提示："指定点："选择要查询的点。在命令窗口中显示查询点的坐标值。

第十二节　利用夹点编辑

> 除了通过上述几节介绍的方法来编辑对象外，还可以通过夹点快速地编辑对象。本节主要介绍如何利用夹点对对象进行移动、旋转、缩放、拉伸等编辑。

一、夹点的概念

在 AutoCAD 中，当用户选择了某个对象后，对象的控制点上将出现一些小的蓝色正方形框，这些正方形框被称为对象的夹点。如图 2-100 所示。

使用夹点进行编辑要先选择一个作为基点的夹点，这个被选定的夹点显示为红色实心正方形，称为基夹点，也叫热点；其他未被选中的夹点称为温点，如图 2-101 所示。如果选择了某个对象后，在按【Shift】键的同时再次选择该对象，则其将不处于选择状态（即不亮显），但其夹点仍然显示，这时的夹点被称为冷点。

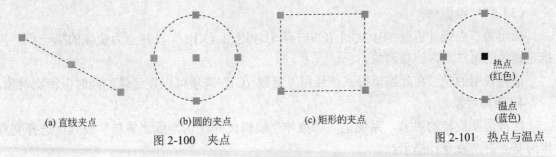

(a) 直线夹点	(b)圆的夹点	(c) 矩形的夹点	热点 (红色) 温点 (蓝色)
图 2-100　夹点			图 2-101　热点与温点

如果某个夹点处于热点状态，则按【Esc】键可以使之变为温点状态，再次按【Esc】键可取消所有对象的夹点显示。如果仅仅需要取消选择集中某个对象上的夹点显示，可按【Shift】键的同时选择该对象，使其变为冷点状态；按【Shift】键的同时再次选择该对象将清除夹点。此外，如果调用 AutoCAD 其他命令时也将清除夹点。

二、利用夹点进行编辑

要使用夹点功能编辑对象，需要选择一个夹点作为基点。操作方法是：将十字光标的中心对准夹点，单击鼠标左键，此时夹点即成为基点，并且显示为红色小方块。利用夹点进行编辑的模式有："拉伸"、"移动"、"镜像"、"旋转"和"缩放"。可以利用【空格】键、【回车】键或单击鼠标右键弹出快捷菜单来循环切换这些模式。

1. 拉伸对象

单击选择需要拉伸的对象，显示夹点，此时系统将默认进入"拉伸"编辑模式。激活拉伸模式后，命令行提示：

（1）"** 拉伸 **"：拉伸模式；

（2）"指定拉伸点或 [基点 (B)/复制 (C)/放弃 (U)/退出 (X)]："拉伸对象的位置。

值得说明的是：对于某些夹点，如圆和圆弧的圆心，文字、图块、直线的中点等，在拉伸编辑模式下只能够移动而不能够拉伸对象。

2. 移动对象

移动对象模式与移动命令相似。选择需要移动的对象，系统进入"拉伸"编辑模式，切换到"移动"模式。选择夹点作为基点后，命令行提示：

（1）"** 拉伸 **"：拉伸模式；

（2）"指定拉伸点或 [基点 (B)/复制 (C)/放弃 (U)/退出 (X)]："切换到移动模式；

（3）"** 移动 **

指定移动点或 [基点 (B)/复制 (C)/放弃 (U)/退出 (X)]："以热点为基点移动对象。

值得说明的是：在此编辑模式下使用"复制 (C)"选项可以在移动的同时进行多重复制。

3. 镜像对象

选择需要镜像的对象，系统进入"拉伸"编辑模式，切换到"镜像"模式。选择夹点作为基点后，命令行提示：

（1）"** 拉伸 **"：拉伸模式；

（2）"指定拉伸点或 [基点 (B)/复制 (C)/放弃 (U)/退出 (X)]："切换到镜像模式；

（3）"** 镜像**

指定第二点或 [基点 (B)/复制 (C)/放弃 (U)/退出 (X)]："以热点为镜像的第一点，再指定镜像的第二点，镜像对象。

值得说明的是：在此编辑模式下使用"复制 (C)"选项可以在镜像的同时保留原对象。

4. 旋转对象

选择需要旋转的对象，系统进入"拉伸"编辑模式，切换到"旋转"模式。选择夹点作为基点后，命令行提示：

（1）"** 拉伸 **"：拉伸模式；

（2）"指定拉伸点或 [基点 (B)/复制 (C)/放弃 (U)/退出 (X)]："切换到旋转模式；

（3）"** 旋转 **

指定旋转角度或 [基点 (B)/复制 (C)/放弃 (U)/参照 (R)/退出 (X)]："以热点为旋转的基点，旋转对象。

值得说明的是，在此编辑模式下使用"复制 (C)"选项可以在旋转的同时保留原对象。

5. 缩放对象

选择需要缩放的对象，系统进入"拉伸"编辑模式，切换到"缩放"模式。选择夹点作为基点后，命令行提示：

（1）"** 拉伸 **"：拉伸模式；

（2）"指定拉伸点或 [基点 (B)/复制 (C)/放弃 (U)/退出 (X)]："切换到缩放模式；

（3）"** 比例缩放 **

指定比例因子或 [基点 (B)/复制 (C)/放弃 (U)/参照 (R)/退出 (X)]："输入比例因子。

值得说明的是：在此编辑模式下使用"基点 (B)"可以选择缩放的其他基点，另外使用"复制 (C)"选项可以在缩放的同时保留原对象。

第十三节　图　　层

图层是 AutoCAD 的重要组成部分，运用好图层，将对提高绘图质量有很大的帮助。本章介绍图层的概念，图层设置命令，图层的管理，线型、线宽的设置。

一、图层的概念

图层就相当于没有厚度且透明的玻璃纸，可在上面绘制图形对象。为了方便绘制和管理复杂图形，可按线型、颜色等特性分组并将其绘在不同的层上，而且对各层可单独控制（如打开 / 关闭、冻结 / 解冻、上锁 / 开锁、打印 / 不打印等），进而叠加各图层就构成完整的图形。这样不仅便于绘图与识图，而且用户还可以对各个图层进行单独控制，从而提高设计和绘图的质量与效率。

二、图层的设置与管理

在 AutoCAD 中，图层的设置与管理包括创建、删除图层，为图层设置线型、线宽和颜色，控制图层打开/关闭、冻结/解东、锁定/解锁以及是否输出等内容。

图层的启动方法：

（1）单击菜单"格式"→"图层"；

（2）在命令行输入"Layer"或"La"，按【回车】或【空格】键；

（3）单击图层工具栏中的图层特性管理器图标🎏。

启动该命令后，弹出如图 2-102 所示的"图层特性管理器"对话框。在该对话框中可创建图层、删除图层以及对图层进行管理。

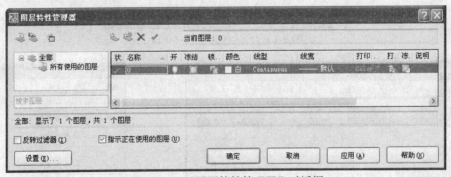

图 2-102　"图层特性管理器"对话框

1. 新建图层

单击"新建图层"按钮🗊，则在该对话框图层列表中增加一个图层，AutoCAD 给定默认名称为"图层 1"，再单击"新建"按钮，则又增加一个新图层，名称为"图层 2"，可依次增加下去……在增加新层后，用户可紧接着输入新层名，或者回车接受默认名称。图层创建后也可以随时修改图层的名称，其方法是先选择该图层使其显亮，再单击已有图层名后就可修改。图层名一般是根据图层的功能或内容来命名，如"粗实线"、"细实线"或者

"墙体层"、"标注层"等。图层名不能有 "*"、"!"等通配符和空格,也不能重名。

新图层的默认特性为:白色(7 号颜色)、Continuous 线型、缺省线宽;如果在创建新图层时,图层显示窗口中存在一个选定图层,则新图层将沿用选定图层的特性。用户可接受这些默认值,也可以设置为其他值,并可随时修改,设置或修改的方法如下。

(1)设置颜色:单击该图层显示其颜色选项的区域,可以弹出"选择颜色"对话框,如图 2-103 所示,从而设定该图层的颜色。

(2)设置线型:单击该图层显示其线型选项的区域,可以弹出"选择线型"对话框,如图 2-104 所示,从而设定该图层的线型。如果该对话框中没有需要的线型,单击"加载"按钮可进行加载。

(3)设置线宽:单击该图层显示其线宽取值的区域,可以弹出"线宽"对话框,如图 2-105 所示,从而设定该图层的线宽。

图 2-103 "选择颜色"对话框

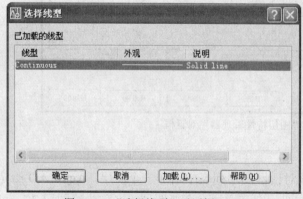

图 2-104 "选择线型"对话框

图 2-105 "线宽"对话框

2. 设置当前层

在一幅图的众多图层中,用户只能在其中的一个图层上绘图,此图层称为当前层。AutoCAD 默认 0 层为当前层。0 层是当开始绘制一幅新图时,AutoCAD 自动建立的一个图层，层名始终为"0"，故称为 0 层。用户不能修改 0 层的层名，也不能删除该层，但可重新设置其颜色、线型和线宽。根据绘图的需要，要在哪一层上绘图，就将其设置为当前层。

　　设置当前层的方法是，在"图层特性管理器"对话框中，选择用户所需要的图层，使其高亮度显示，然后单击"置为当前" ☑ 按钮，该层就置为当前层。

　　利用上述方法设置图层、设置当前层，并退出"图层特性管理器"对话框后，其当前层的设置将显示在"对象特性"工具栏的各个窗口内，其中"颜色"、"线型"和"线宽"窗口一般显示为："随层"。"随层"选项表示所希望的颜色、线型和线宽按图层本身设置来定，只要在该层上绘图，则所绘制的对象就具有该层所设定的颜色、线型和线宽。这也是设置图层的重要目的之一。

　　3. 删除图层

　　在绘图过程中，用户可随时删除不使用的图层。要删除不使用的图层，可先从"图层特性管理器"对话框中选择一个或多个图层，然后单击该对话框右上部的"删除图层" ☒ 按钮，则可将所选图层从当前图形中删除。

　　值得注意的是，不能删除下列图层：0 层、定义点层、当前图层、依赖外部参照的图层和包含对象的图层。

　　4. 图层管理

　　设置图层的另一重要目的之一就是可单独控制图层上的对象，提高绘图效率。AutoCAD提供了打开/关闭、冻结/解冻、上锁/解锁、打印/不可打印等状态开关，用于图层管理。缺省状态下，新创建的图层均为"打开"、"解冻"、"解锁"和"可打印"的状态。

　　（1）打开/关闭（ ♀/♀ ）：关闭图层后，该层上的对象不能在屏幕上显示或由绘图设备输出。重新生成图形时，图层上的对象仍将参与重生成运算，因而运行速度比冻结慢。

　　（2）冻结/解冻（ ❄/✿ ）：冻结图层后，该层上的对象不能在屏幕上显示或由绘图设备输出。重新生成图形时，图层上的对象将不参与重生成运算，因而运行速度比关闭快。另外，当前层是不能冻结的。

　　（3）上锁/解锁（ 🔒/🔓 ）：图层上锁后，图层上的对象是可见的，而且可以输出，但不能对已有对象进行编辑和修改；但仍可以在其上绘图。

　　（4）打印/不可打印（ 🖨/🖨 ）：图层设置为不可打印，则该图层上的对象可看到，但不能在绘图设备上输出。另外，定义点层（defpoint 图层）不能打印输出。

　　设置图层各状态开关的方法是，在"图层特性管理器"中，选择要操作的图层，单击开关状态图标就可设置。如单击 ♀ 或 ♀ 就可实现打开或关闭其所在的图层。其余冻结/解冻、上锁/解锁、打印/不可打印的设置方向相同。

　　三、图层工具栏的使用

　　"图层"工具栏如图 2-106 所示。

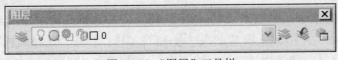

图 2-106 "图层"工具栏

1. 使用图层工具栏调用图层

图层的调用，就是将需要的图层置为当前图层。除了可通过"图层特性管理器"调用图层外，还可用"图层"工具栏来完成图层的调用。

使用"图层"工具栏调用图层的方式有两种：一是在图层工具栏中，打开下拉列表，点击列表中的图层名；另外一种是先选择图形对象，然后点击"将对象置为当前图标 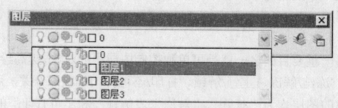"。

2. 使用图层工具栏改变图形对象所在图层

在绘图过程中，当绘制的图形对象不在预先设置的图层时，就需要改变图层对象所在的图层。方法是，选中要改变图层的图形对象，在"图层"工具栏下拉列表中用鼠标点击预设的图层名，如图 2-107 所示。

3. 使用图层工具栏控制图层状态

控制图层状态即在"图层"工具栏中，打开下拉列表，点击列表中需要控制的图层中的各状态开关，控制图层的打开与关闭、冻结和解冻以及锁定和解锁。

【例 2-27】 创建一个层名为中心线、颜色为红色、线型为中心线、线宽为 0.25 的新图层，并将其设置为当前层。

图 2-107　"图层"工具栏下拉列表

（1）鼠标单击"图层"工具栏中的"图层特性管理器图标 ⬟"，打开"图层特性管理器"。

（2）单击"图层特性管理器"中的"新建图层"按钮 ，在"图层特性管理器"的列表视图中出现一个未命名的图层，如图 2-108 所示。

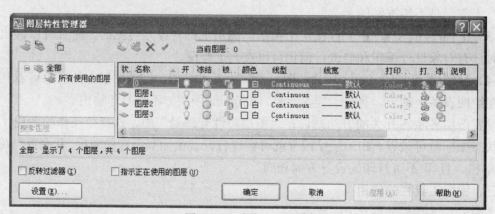

图 2-108　未命名的图层

（3）用鼠标单击未命名的图层上的"图层 1"，将其名称改为"中心线"。

（4）用鼠标单击"中心线"图层上的"颜色□ □"，打开"选择颜色"对话框，在"选择颜色"对话框中点击"索引颜色"中的红色后，点击"确定"按钮，结果如图 2-109 所示。

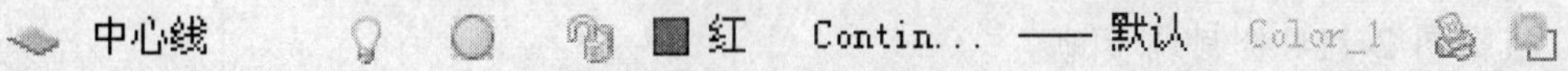

中心线　　💡　○　🔒　■红　Contin...　───　默认　Color_1　🖨　🔲

图 2-109　颜色设置结果

（5）用鼠标单击"中心线"图层上的"线型 Continuous"打开"选择线型"对话框。在"选择线型"对话框中，可以看到"已加载的线型"中没有需要的线型，这时需要点击 加载(L)... 按钮，打开"加载或重载线型"对话框，如图 2-110 所示。

在"加载或重载线型"对话框中，找到中心线"CENTER"选项。点击该选项后，单击"确定"按钮，系统关闭此对话框，返回"选择线型"对话框。这时在"选择线型"对话框中出现了可选的中心线"CENTER"线型，如图 2-111 所示。在此选择此项，然后单击"确定"按钮，完成线型的设置。

（6）用鼠标单击"中心线"图层上的"线宽——默认"打开"线宽"对话框，并在"线宽"对话框中点击"0.25 毫米"选项，完成线宽的设置。如图 2-112 所示。

（7）选择"中心线"图层，点击"置为当前"图标。至此，各项设置按要求完成，其结果如图 2-113 所示。最后，单击"确定"按钮，完成图层的设置，系统关闭对话框。

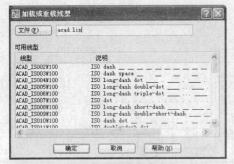

图 2-110　"加载或重载线型"对话框

图 2-111　加载"CENTER"线型后的
　　　　　"选择线型"对话框

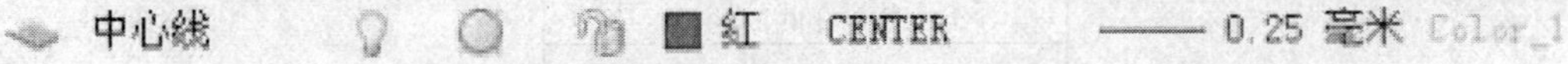

中心线　　💡　○　🔒　■红　CENTER　───　0.25 毫米　Color_1

图 2-112　线宽设置结果

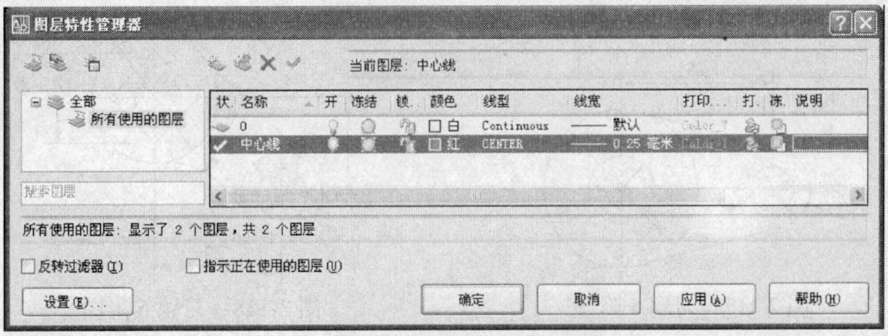

图 2-113　图层设置结果

习　题

1. 重画与重新生成命令有何异同？

2. 根据图 2-114 绘制调节池。

3. 根据图 2-115 绘制初沉池。

4. 绘制图 2-116。

5. 绘制图 2-117。

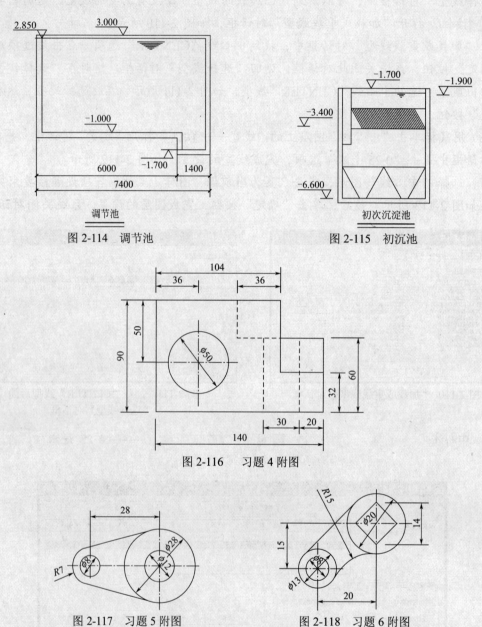

图 2-114　调节池　　　　　　　　图 2-115　初沉池

图 2-116　习题 4 附图

图 2-117　习题 5 附图　　　　　图 2-118　习题 6 附图

6. 绘制图 2-118。

7. 图层具有哪些特性？为什么要对图形进行分层管理？

8. 设置和控制图层有哪两种方法？

9. 如何新建一个图层并置为当前层？如何设置图形的当前颜色、线型、线宽？

10. 完成一新图层的设置。设置要求层名：粗实线；颜色：蓝色；线型：实线；线宽：

0.30，并置为当前层。

　　11. 按表 2-1 要求绘制图 2-119（不需尺寸标注）。

表 2-1　图层要求

图层名称	颜色	线型	线宽
0	白色	Continuous	默认
轴线	蓝色	CENTER	默认
实线	绿色	Continuous	0.3mm
虚线	红色	DASHED	默认

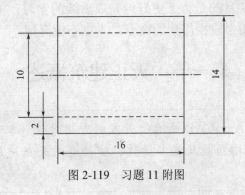

图 2-119　习题 11 附图

第三章　天正建筑8.2

　　前面介绍了 AutoCAD2008 的使用方法，这是 AutoCAD 最基本的功能，也是环境工程绘图中必须熟练掌握的技能。同时 AutoCAD 软件也提供了二次开发的平台开发软件，例如天正建筑软件、天正给排水软件等。用户利用天正建筑等软件可以大大提高绘图质量和绘图效率。本章以建筑图为例，学习天正建筑 8.2 软件的用法，为后面的环境工程专业绘图打下基础。本章学习的主要目的是为了更好地完成后续的学习，主要是介绍一些常用的基本命令，一些环境工程制图中较少用到的命令，本章不做介绍。

第一节　天正建筑概述

> 　　天正建筑 8.2 是在 AutoCAD 平台上开发的专用软件。本节介绍天正建筑的操作界面、设计特点、新增功能及基本操作，使读者对天正建筑有一个大致的了解和认识。

一、天正建筑8.2简介

（一）系统配置

　　天正建筑软件 8.2 是基于 AutoCAD 2000 以上版本开发，因此对软硬件环境要求取决于 AutoCAD 平台的要求。

　　天正建筑软件 8.2 支持 AutoCAD R15(2000/2001/2002)、R16(2004/2005/2006)和 R17(2007—2009)、R18(2010—2012) 四代 dwg 图形格式。

　　天正建筑软件 8.2 能在 Windows XP、Windows Vista、Windows 7 的 32 位系统和 64 位系统上正常安装和运行。需要指出的是，由于 Windows Vista 和 Windows 7 操作系统不能运行 AutoCAD2000—2002，本软件在上述操作系统支持的平台限于 AutoCAD 2004 以上版本。

　　天正建筑软件 8.2 支持 AutoCAD 2000—2011 的 32 位版本和 64 位版本，在安装这些平台后，运行启动命令后会出现这些版本的启动选项，但请用户注意的是：天正建筑软件 8.2 不支持 AutoCAD 2008—2009 的 64 位版本，如果仅安装这些平台，启动命令会提示用户安装 AutoCAD。

　　安装完毕后在桌面自动建立"天正建筑 8"快捷图标，双击图标即可运行安装好的天正建筑 8.2，桌面图标如图 3-1 所示。

图 3-1　天正图标

如果电脑安装了多个符合天正建筑软件使用条件的 AutoCAD 平台，首次启动时将提示在平台列表中选择，如图 3-2(a) 所示。单击确定或者等待在"高级"中设定的倒计时后进入平台运行，启动界面如图 3-2(b) 所示，勾选"使用天正默认配置"后，系统将会把 sys15、sys16、sys17、sys18 下的 TArch8.arg 的配置信息重新导入。如果不希望每次选择 AutoCAD 平台，可以勾选"下次不再提问"，直接启动天正建筑。

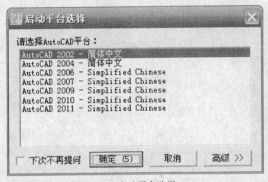
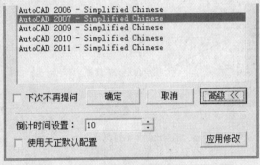

（a）启动平台选择　　　　　　　　　　　（b）版本选择

图 3-2　天正平台选择

天正建筑软件 8.2 安装完毕，软件系统安装文件夹下有以下子文件夹，见表 3-1。

表 3-1　天正建筑 8.2 文件夹的作用

文件夹名	文件夹用途	文件夹名	文件夹用途
SYS15	用于 R2000—2002 平台的系统文件夹	DWB	专用图库文件夹
SYS16	用于 R2004—2006 平台的系统文件夹	DDBL	通用图库文件夹
SYS17	用于 R2007—2009 平台的系统文件夹	LIB3D	多视图库文件夹
SYS18	用于 R2010—2012 平台的系统文件夹	SYS18X64	用于 R2010—2012 的 64 位平台的系统文件夹
LISP	AutoLISP 程序文件夹	SYS	与 AutoCAD 平台版本无关的系统文件夹
TEXTURES	用于 R2000—2006 平台的渲染材质库文件夹	DRV	加密狗驱动程序文件夹(安装单机版时创建)

（二）天正建筑软件 8.2 界面

天正建筑以工具集为突破口，结合 AutoCAD 图形平台的基本功能。天正建筑的操作界面如图 3-3 所示。

1.折叠式屏幕菜单

本软件的主要功能都列在"折叠式"三级结构的屏幕菜单上，上一级菜单可以单击展开下一级菜单，同级菜单互相关联，展开另外一个同级菜单时，原来展开的菜单自动合拢。二到三级菜单项是天正建筑的可执行命令或者开关项，全部菜单项都提供 256 色图标，图标设计具有专业含义，以方便用户增强记忆，更快地确定菜单项的位置。当光标移到菜单项上时，AutoCAD 的状态行会出现该菜单项功能的简短提示。

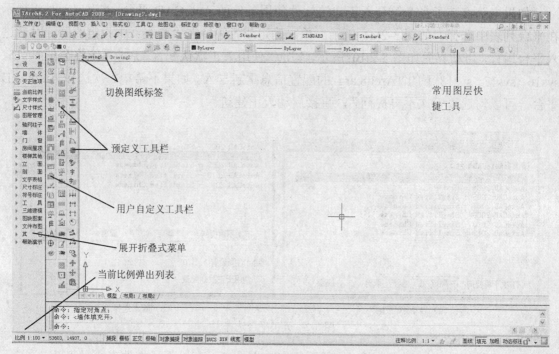

图 3-3　天正建筑操作界面

折叠式菜单效率最高，但由于屏幕的高度有限，在展开较长的菜单后，有些菜单项无法完全在屏幕可见，为此可用鼠标滚轮上下滚动菜单快速选取当前不可见的项目。

2.在位编辑框与动态输入

在位编辑框是从 AutoCAD 2006 的动态输入中首次出现的新颖编辑界面，天正建筑把这个特性引入到 AutoCAD 200X 平台，使得这些平台上的天正软件都可以享用这个新颖界面特性，对所有尺寸标注和符号说明中的文字进行在位编辑，而且提供了与其他天正文字编辑同等水平的特殊字符输入控制，可以输入上下标、钢筋符号、加圈符号，还可以调用专业词库中的文字，与同类软件相比，天正在位编辑框总是以水平方向合适的大小提供编辑框修改与输入文字，而不会受到图形当前显示范围而影响操控性能。

在位编辑框在天正建筑中广泛用于构件绘制中的尺寸动态输入、文字表格内容的修改、标注符号的编辑等，成为新版本的特色功能之一。单击状态栏中 DYN 按钮，可以开启或关闭动态输入。图 3-4 所示是动态编辑的实例。

3.默认与自定义图标工具栏

天正图标工具栏兼容的图标菜单，由三个默认工具栏以及一个用户定义工具栏组成，见图 3-3。工具栏把分属于多个子菜单的常用天正建筑命令收纳其中。光标移到图标上稍作停留，即可提示各图标功能。如果用户想增删工具栏的内容，可以在天正菜单"设置"→"自定义"选择"工具条"选项页，如图 3-5 所示，在里面进行修改。

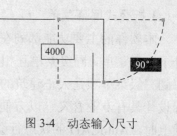

图 3-4　动态输入尺寸

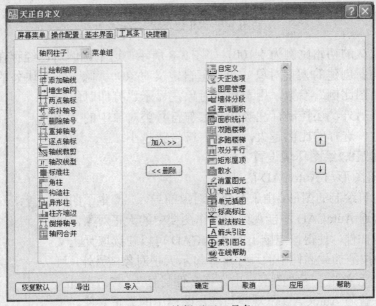

图 3-5 编辑天正工具条

4.热键与自定义热键

除了 AutoCAD 定义的热键外，天正补充了若干热键，以加速常用的操作。如表 3-2 所示为常用热键定义与功能。

表 3-2 天正建筑热键定义与功能

Ctrl + ＋	屏幕菜单的开关
Ctrl + －	文档标签的开关
Shift + F12	墙和门窗拖动时的模数开关(仅限于 2006 以下)
Ctrl + ～	工程管理界面的开关

天正建筑的大部分功能都可以在命令行键入命令执行，屏幕菜单、右键快捷菜单和键盘命令三种形式调用命令的效果是相同的。键盘命令采用汉字拼音的第一个字母组成。例如"绘制墙体"菜单项对应的键盘简化命令是"HZQT"。少数功能只能菜单点取，不能从命令行键入，如状态开关设置。

5.文档标签的控制

为方便在几个 DWG 文件之间切换，天正建筑提供了文档标签功能，为打开的每个图形在界面上方提供了显示文件名的标签，单击标签即可将标签代表的图形切换为当前图形，右击文档标签可显示多文档专用的关闭和保存所有图形、图形导出等命令，如图 3-6 所示。

6.状态栏

状态栏位于命令行的下方，在 AutoCAD 状态栏的基础上增加了比例设置的下拉列表控件及多个功能切换开关，方便了动态输入，墙基线、填充、加粗和动态标注的状态快速切换，如图 3-7 所示。

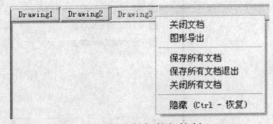

图 3-6 文档标签与控制

比例 1:100 ▼ 53603, 14937, 0　　捕捉 栅格 正交 极轴 对象捕捉 对象追踪 DUCS DYN 线宽 模型　　　注释比例 1:1 ▼ △ ✏ 基线 填充 加粗 动态标注 ♾ ▼

图 3-7　天正建筑状态栏

天正建筑默认的初始比例为 1:100，如图 3-8 所示。这个比例对已经存在的图形对象没有影响，只影响新创建的天正对象（即天正自定义对象）。除天正图块外的所有天正对象都具有一个"出图比例"参数，用于控制对象在显示、打印时的线宽及填充效果。另外，还控制标注类和文本与符号类对象中的文字字高与符号尺寸，选择的比例越大，文字、符号就越小。

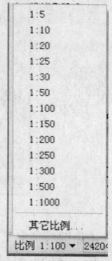

图 3-8　天正建筑比例

二、天正建筑8.2绘图环境设置

1. 天正建筑图形与 AutoCAD 的兼容

使用天正建筑绘制的图形，由于有建筑对象的导入，产生了图纸交流的问题，普通 AutoCAD 不能观察与操作图档中的天正对象。可以通过安装天正插件，使得该电脑上的 AutoCAD 可以在读取天正文件的同时，自动按需加载插件中的程序解释显示天正对象。另外，可以通过天正菜单"文件"→"图形导出"将文件另存为 T3(TArch3) 格式，则可以在普通 AutoCAD 下观察与操作图档中的天正对象。

读者可以在天正网站下载天正插件并运行安装，使读者可以阅读天正绘制的图纸。

如果想在没有安装天正软件或插件的 AutoCAD 上阅读图纸，AutoCAD 会"显示代理信息"对话框，提示显示代理图形，但默认天正建筑是不提供代理图形的，导致无法正常显示天正对象。如果希望在没有天正插件时能显示代理图形，请进入设置菜单，打开"天正选项"→"高级选项"→"系统"→"是否启用代理对象"，选择"是"，确认即可。以后保存的文件都可以在没有天正软件或插件的 AutoCAD 中阅读。

2. 天正选项的设定

单击天正菜单"设置"→"天正选项"，弹出如图 3-9 所示对话框。本命令功能分为

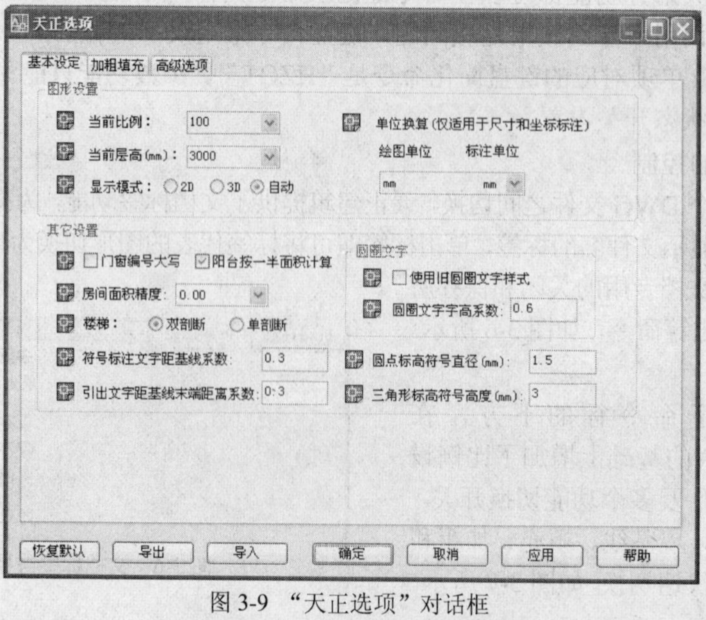

图 3-9　"天正选项"对话框

三个页面，首先介绍的"基本设定"页面包括与天正建筑软件全局相关的参数，这些参数仅与当前图形有关，也就是说这些参数一旦修改，本图的参数设置会发生改变，但不影响新建图形中的同类参数。在对话框右上角提供了全屏显示的图标，更改高级选项内容较多，此时可选择使用。

（1）"基本设定"选项卡　包括"图形设置"和"其他设置"两个参数选择区。

（2）"加粗填充"选项卡　专用于墙体与柱子的填充，提供各种填充图案和加粗线宽，请单击下面的参数标题观看详细解释，如图 3-10 所示。该选项卡共有"普通填充"和"线图案填充"两种填充方式，适用于不同材料的填充对象，后者专门用于墙体材料为填充墙和轻质隔墙，在"绘制墙体"命令中有多个填充墙材料可供设置。共有"标准"和"详图"两个填充级别，按不同当前比例设定不同的图案和加粗线宽，可以通过"比例大于 1:XX 启用详图模式"参数进行设定。

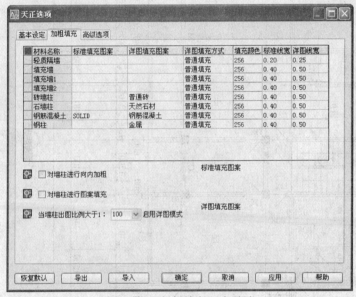

图 3-10 "加粗填充"选项页

（3）"高级选项"选项卡。该选项页是控制天正建筑全局变量的用户自定义参数的设置界面，除了尺寸样式需专门设置外，这里定义的参数保存在初始参数文件中，不仅用于当前图形，对新建的文件也起作用，高级选项和选项是结合使用的，例如在高级选项中设置了多种尺寸标注样式，在当前图形选项中根据当前单位和标注要求选用其中几种用于本图。

3. 天正建筑工程管理

天正建筑软件 8.2 引入了工程管理的概念，工程管理工具是管理同属于一个工程下的图纸(图形文件)的工具。可以通过天正菜单"文件布图"→"工程管理"，打开工程管理界面，如图 3-11 所示。这部分内容在环境工程制图中较少使用，这里不做赘述。

图 3-11 "工程管理"对话框

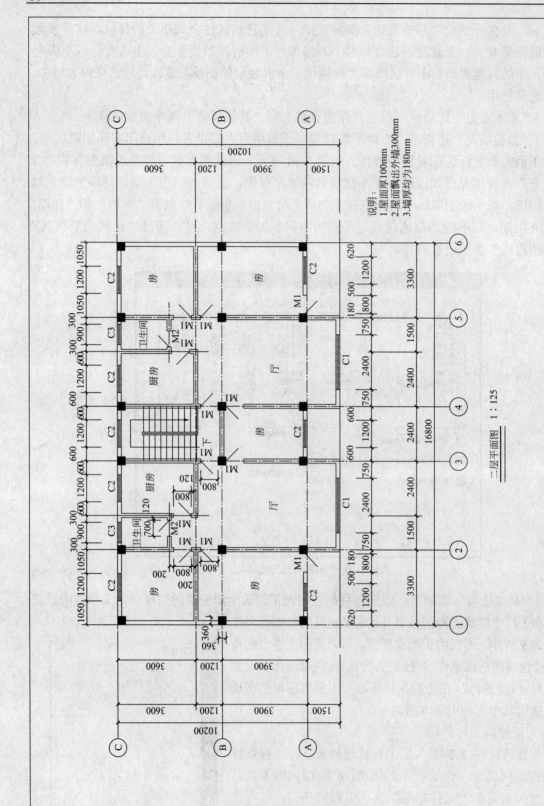

图 3-12 二层平面图

三、天正建筑图纸

本章以一份建筑平面图的绘制方法为例，介绍天正建筑软件的用法。重点在于环境工程制图中常用的命令，一些环境工程制图中较少用到的命令，本章不做介绍。

1. 利用天正建筑绘制简单建筑图的流程

绘制建筑平面图的主要步骤是：绘制轴网→绘制墙柱→插入门窗→绘制楼梯→标注尺寸及文字→插入图框。

2. 建筑平面图

本章使用的建筑图，如图 3-12 所示。

第二节　轴网的绘制与编辑

> 轴网由定位轴线组成，用于确定建筑构件的位置，是建筑设计和施工的重要依据。因此，绘制建筑施工图，首先要绘制轴网。天正建筑提供了专门的轴网绘制、编辑及标注命令。

一、绘制轴网

轴网包括直线轴网和圆弧轴网。启动方法：

（1）单击天正菜单"轴网柱子"→"绘制轴网"；

（2）在命令行输入"HZZW"，按【回车】或【空格】键；

（3）单击工具栏中图标 ⌗。

1. 绘制直线轴网

命令激活后，弹出"绘制轴网"对话框，如图 3-13 所示。默认是"直线轴网"选项页，如果切换到"圆弧轴网"选项页，可以通过夹角、进深、半径等数据确定弧形轴网。直线轴网是指建筑轴网中横向和纵向轴线都是直线，其中不包括弧线。直线轴网用于正交轴网、斜交轴网或单向轴网中。根据图 3-12 输入轴网数据，在对话框左边可预览轴网结果。

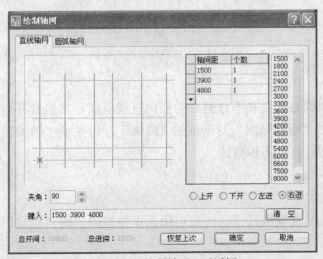

图 3-13　"绘制轴网"对话框

对话框各选项说明如下。

（1）上开：在轴网上方进行轴网标注的房间开间尺寸。

（2）下开：在轴网下方进行轴网标注的房间开间尺寸。

（3）左进：在轴网左侧进行轴网标注的房间进深尺寸。

（4）右进：在轴网右侧进行轴网标注的房间进深尺寸。

（5）个数：栏中数据的重复次数，点击右方数值栏或下拉列表获得，也可以键入。

（6）轴间距：开间或进深的尺寸数据，点击右方数值栏或下拉列表获得，也可以键入。

（7）键入：键入一组尺寸数据，用空格或英文逗点隔开，回车数据输入到电子表格中。

（8）夹角：输入开间与进深轴线之间的夹角数据，默认为夹角 90° 的正交轴网。

（9）清空：把某一组开间或者某一组进深数据栏清空，保留其他组的数据。

（10）恢复上次：把上次绘制直线轴网的参数恢复到对话框中。

【例 3-1】 根据图 3-12 建立轴网。

本例中，直线轴网数据如下：

下开间/mm：3300 3900 2400 3900 3300

右开间/mm：1500 3900 4800

以上数据可以通过键盘输入或鼠标选择。输入完所有数据后，单击 确定 按钮，命令行提示："点取位置或 [转 90 度 (A)/左右翻 (S)/上下翻 (D)/对齐 (F)/改转角 (R)/改基点 (T)]<退出>:"单击确定轴网左下角基点的位置，如图 3-14 所示。

图 3-14　完成直线轴网的绘制

2. 绘制圆弧轴网

圆弧轴网由一组同心弧线和不过圆心的径向直线组成，常组合其他轴网，端径向轴线由两轴网共用。点击"绘制轴网"对话框的 圆弧轴网 ，切换至"圆弧轴网"选项页。操作与绘制直线轴网相似，这里不作赘述。

二、轴网标注

1. 两点标轴

主要是指标注轴号及轴线尺寸，一般可用天正建筑的"两点标轴"命令快速、规范地完成。启动方法：

（1）单击天正菜单"轴网柱子"→"两点标轴"；

（2）在命令行输入"LDBZ"，按【回车】或【空格】键；

（3）单击工具栏中图标 ☷ 。

命令激活后，出现如图 3-15 所示对话框。

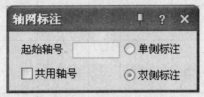

图 3-15 "轴网标注"对话框

对话框各选项说明如下。

（1）起始轴号：希望起始轴号不是默认值 1 或者 A 时，在此处输入自定义的起始轴号，可以使用字母和数字组合轴号。

（2）共用轴号：勾选后表示起始轴号由所选择的已有轴号后继数字或字母决定。

（3）单侧标注：表示在当前选择一侧的开间 (进深) 标注轴号和尺寸。

（4）双侧标注：表示在两侧的开间 (进深) 均标注轴号和尺寸。

同时，命令激活后，命令行提示：

（1）"请选择起始轴线〈退出〉:"用鼠标左键指定轴线启动的位置；

（2）"请选择终止轴线〈退出〉:"用鼠标左键指定轴线终点的位置；

（3）"请选择起始轴线〈退出〉:"退出命令。

【例 3-2】 根据图 3-12 标注轴号。

根据建筑图所示，标注上侧轴线、左侧轴线和右侧轴线。

（1）激活两点标轴命令，在对话框中选择"双侧标注"；

（2）"请选择起始轴线〈退出〉:"用鼠标左键指定轴网 A 点位置，如图 3-16 所示；

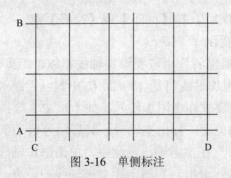

图 3-16 单侧标注

（3）"请选择终止轴线〈退出〉:"用鼠标左键指定轴网 B 点位置，如图 3-16 所示，完成左右两侧轴线标注；

（4）在对话框中选择"单侧标注"，如图 3-16 所示；

（5）"请选择起始轴线〈退出〉:"用鼠标左键指定轴网 C 点位置，如图 3-16 所示；

（6）"请选择终止轴线〈退出〉:"用鼠标左键指定轴网 D 点位置，如图 3-16 所示，标注效果如图 3-17 所示。

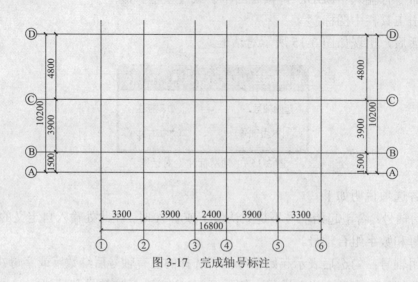

图 3-17　完成轴号标注

2. 逐点标轴

该命令只对单个轴线标注轴号，轴号独立生成，不与已经存在的轴号系统和尺寸系统发生关联。不适用于一般的平面图轴网，常用于立面与剖面、详图等个别单独的轴线标注。该命令在环境工程专业制图中应用不多，这里不作赘述。

三、轴线编辑

1. 添加轴线

该命令应在"两点轴标"命令完成后执行，功能是参考某一根已经存在的轴线，在其任意一侧添加一根新轴线，同时根据用户的选择赋予新的轴号，把新轴线和轴号一起融入到存在的参考轴号系统中。启动方法：

（1）单击天正菜单"轴网柱子"→"添加轴线"；

（2）在命令行输入"TJZX"，按【回车】或【空格】键。

命令激活后，命令行提示：

（1）"选择参考轴线 <退出>："点取要添加轴线相邻、距离已知的轴线作为参考轴线；

（2）"新增轴线是否为附加轴线? [是 (Y)/否 (N)]<N>："键入【Y】，添加的轴线作为参考轴线的附加轴线，按规范要求标出附加轴号，如 1/1、2/1 等；键入【N】，添加的轴线作为一根主轴线插入到指定的位置，标出主轴号，其后轴号自动重排；

（3）"偏移方向<退出>："在参考轴线两侧中，单击添加轴线的一侧；

（4）"距参考轴线的距离<退出>："键入距参考轴线的距离。

【例 3-3】 在图 3-17 中的轴线 B 和轴线 C 之间，添加非辅助轴线，该轴线与轴线 B 间距为 1200。

（1）激活添加轴线命令，"选择参考轴线 <退出>："点取轴线 B 作为参考轴线；

（2）"新增轴线是否为附加轴线? [是 (Y)/否 (N)]<N>："键入【N】；

（3）"偏移方向<退出>："点取轴线 B 的上侧；

（4）"距参考轴线的距离<退出>："输入距离 "1200"，效果如图 3-18 所示。

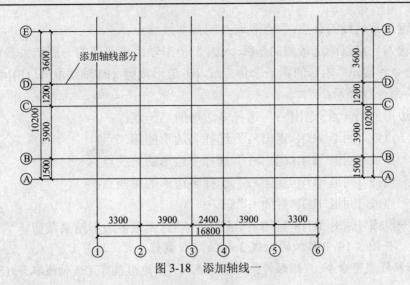

图 3-18 添加轴线一

在轴线 2 和轴线 3 之间添加非辅助轴线，该轴线与轴线 2 间距为 1500；在轴线 4 和轴线 5 之间添加非辅助轴线，该轴线与轴线 5 间距为 1500，效果如图 3-19 所示。

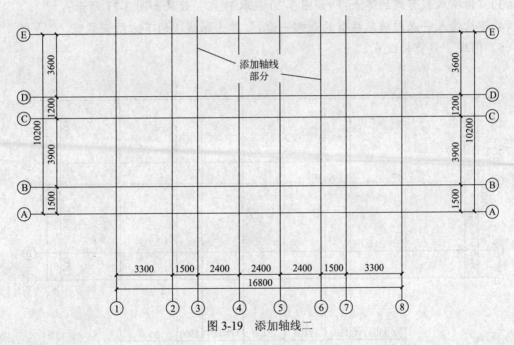

图 3-19 添加轴线二

2. 轴线裁剪

该命令可根据设定的多边形与直线范围，裁剪多边形内的轴线或者直线某一侧的轴线。

启动方法：

（1）单击天正菜单"轴网柱子"→"轴线裁剪"；

（2）在命令行输入"ZXCJ"，按【回车】或【空格】键。

命令激活后，命令行提示：

（1）"矩形的第一个角点或 [多边形裁剪 (P)/轴线取齐 (F)]<退出>:"输入字母【F】；

（2）"请输入裁剪线的起点或选择一裁剪线:"点取取齐的裁剪线起点；

（3）"请输入裁剪线的终点："点取取齐的裁剪线终点；

（4）"请输入一点以确定裁剪的是哪一边："单击轴线被裁剪的一侧结束裁剪。

如果在命令行提示"矩形的第一个角点或 [多边形裁剪 (P)/轴线取齐 (F)]<退出>："输入字母【P】，命令行提示：

（1）"多边形的第一点<退出>："选择多边形的第一点；

（2）"下一点或 [回退 (U)]<退出>："选择多边形的第二点；

（3）"下一点或 [回退 (U)]<退出>："选择多边形的第三点；

（4）"下一点或 [回退 (U)]<封闭>："选择多边形的第四点；

（5）"下一点或 [回退 (U)]<封闭>："……

（6）"下一点或 [回退 (U)]<封闭>："回车自动封闭该多边形结束裁剪。

【例3-4】 将图3-19中添加的轴线3和轴线6裁剪。

（1）激活轴线裁剪命令，"矩形的第一个角点或 [多边形裁剪 (P)/轴线取齐 (F)]<退出>："输入【F】；

（2）"请输入裁剪线的起点或选择一裁剪线："点取 A 点，如图3-20所示；

（3）"请输入裁剪线的终点："如图3-20点取 B 点，效果如图3-21所示；

（4）"请输入一点以确定裁剪的是哪一边："单击轴线3的下方结束裁剪。

（5）同理，裁剪轴线6。

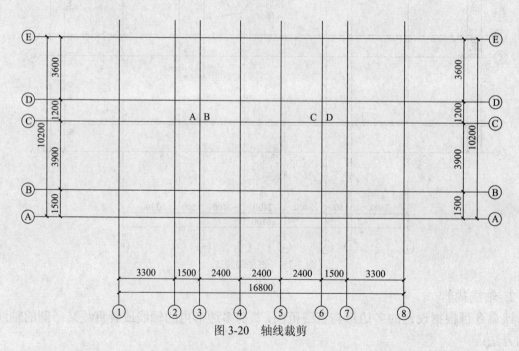

图3-20 轴线裁剪

四、轴号编辑

1. 添补轴号

该命令应在轴网中对新增轴线添加轴号，新添轴号成为原有轴网轴号对象的一部分，但不会生成轴线，也不会更新尺寸标注，适合为以其他方式增添或修改轴线后进行的轴号标注。启动方法：

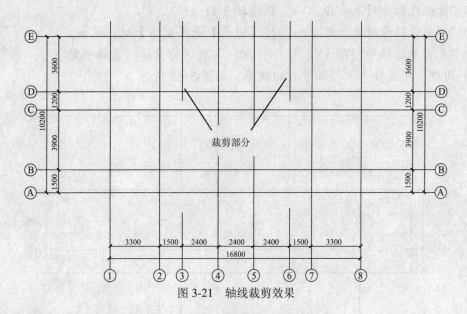

图 3-21　轴线裁剪效果

（1）单击天正菜单"轴网柱子"→"添补轴号"；

（2）在命令行输入"TBZH"，按【回车】或【空格】键。

命令激活后，命令行提示：

（1）"请选择轴号对象<退出>："点取与新轴号相邻的已有轴号对象，注意不要点取原有轴线；

（2）"请点取新轴号的位置或 [参考点 (R)]<退出>："光标位于新增轴号的一侧正交同时键入轴间距；

（3）"新增轴号是否双侧标注? (Y/N) [Y]："根据要求键入字母【Y】或字母【N】，键入【Y】时两端标注轴号；

（4）"新增轴号是否为附加轴号? (Y/N) [N]："根据要求键入字母【Y】或字母【N】，为"N"时其他轴号重排，"Y"时不重排。

2. 删除轴号

该命令用于在平面图中删除个别不需要轴号的情况，被删除轴号两侧的尺寸应并为一个尺寸，并可根据需要决定是否调整轴号，可框选多个轴号一次删除。启动方法：

（1）单击天正菜单"轴网柱子"→"删除轴号"；

（2）在命令行输入"SCZH"，按【回车】或【空格】键。

命令激活后，命令行提示：

（1）"请框选轴号对象 <退出>："注意使用框选的方式，选择需要删除的轴号；

（2）"请框选轴号对象 <退出>："……

（3）"请框选轴号对象 <退出>："按【回车】或【空格】键，表示退出；

（4）"是否重排轴号? [是 (Y)/否 (N)]<Y>："根据要求键入字母【Y】或字母【N】，为"Y"时其他轴号重排，"N"时不重排。

【例 3-5】　删除图 3-21 轴号 A、轴号 D，并重排；删除轴号 3、轴号 6，并重排。

（1）激活删除轴号命令，"请框选轴号对象<退出>："框选轴号 A；

（2）"请框选轴号对象 <退出>:"框选轴号 D；

（3）"请框选轴号对象 <退出>:"按【回车】或【空格】键，退出；

（4）"是否重排轴号？[是 (Y)/否 (N)]<Y>:"默认为重排，直接确定即可；

（5）同理，完成轴号 3 与轴号 6 的删除，如图 3-22 所示。

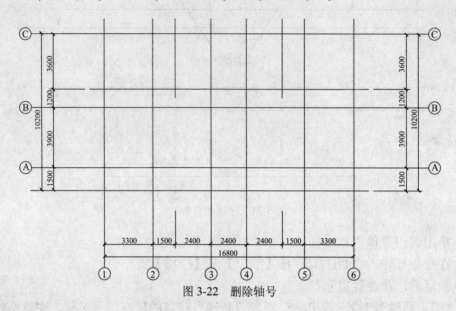

图 3-22　删除轴号

3. 轴线改型

该命令在点划线和连续线两种线型之间切换。建筑制图要求轴线必须使用点划线，但由于点划线不便于对象捕捉。常在绘图过程使用连续线，在输出的时候切换为点划线。启动方法：

（1）单击天正菜单"轴网柱子"→"轴线改型"；

（2）在命令行输入"ZXGX"，按【回车】或【空格】键，效果如图 3-23 所示。

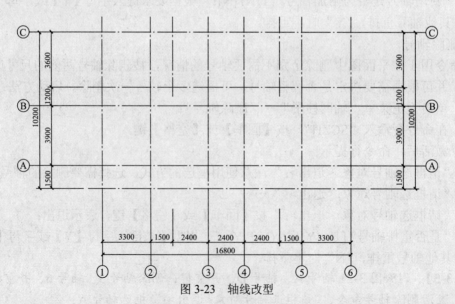

图 3-23　轴线改型

第三节 墙体的绘制与编辑

> 轴线绘制完后，接着就绘制墙体了。墙体是建筑物的重要组成构件。使用天正建筑软件绘制的墙体是模拟实际墙体的专业特性构建而成，因此可实现墙角的自动修剪、墙体之间按材料特性连接、与柱子和门窗互相关联等智能特性。

一、绘制墙体

在天正建筑中，大部分的墙体是用绘制墙体命令来实现的。启动方法：

（1）单击天正菜单"墙体"→"绘制轴网"；

（2）在命令行输入"HZQT"，按【回车】或【空格】键；

（3）单击工具栏中图标 ══。

命令激活后，弹出"绘制墙体"对话框，如图 3-24 所示。

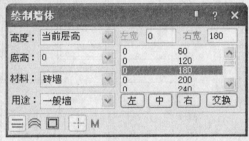

图 3-24 "绘制墙体"对话框

为了能更好地运用该对话框，对话框选项说明如下。

（1）高度：高度是墙高，从墙底到墙顶计算的高度，可以通过输入高度数据或通过下拉菜单获得。

（2）底高：底高是墙底标高，可以通过输入高度数据或通过下拉菜单获得。

（3）材料：表示墙体的材质，通过单击下拉菜单获得。墙体的材料主要用于控制墙体二维平面图效果，相同材料的墙体在平面图上墙角会连通一体。墙体的材料按照优先级别可分为钢筋混凝土墙、石墙、砖墙、填充墙、示意幕墙以及轻质隔墙壁等，处在最前面的墙体打断，优先处理墙角清理。在环境工程制图中，应根据构筑物来选择相应的材料进行绘制。

（4）用途：在天正建筑中，墙体包括一般墙、卫生隔断、虚墙和矮墙四种。值得注意的是：卫生隔断用于卫生间洁具隔断用的墙体或隔板，所以本章例子中的卫生间墙体应选用一般墙。

（5）左宽、右宽：用于设置中心轴线到墙线两侧的距离，可以控制墙体的宽度。

（6）左 右：是指设定当前墙宽以后，全部左偏或全部右偏。当单击 左 时，左宽的值为墙宽，右宽的值为 0，反之一样。

（7）中：是指墙体总宽平均分配。

（8）交换：是指左宽与右宽的数据对调。

（9）══："绘制直墙"按钮，使用该按钮绘制直线墙体。

（10）⨶："绘制弧墙"按钮，使用该按钮绘制弧线墙体。

（11）▢："矩形绘墙"按钮，使用该按钮绘制矩形墙体。

（12）✛："自动捕捉"按钮。使用该按钮在绘制墙体时自动捕捉轴网交点。

值得注意的是：绘制墙体时不用预留门窗的孔洞，插入门窗时，墙体会自动断开。

设定好对话框的参数，命令行提示：

（1）"起点或 [参考点 (R)]<退出>："指定墙线起点；

（2）"直墙下一点或 [弧墙 (A)/矩形画墙 (R)/闭合 (C)/回退 (U)]<另一段>："指定墙线

的下一点;

（3）"直墙下一点或 [弧墙 (A)/矩形画墙 (R)/闭合 (C)/回退 (U)]<另一段>:" ……

（4）"直墙下一点或 [弧墙 (A)/矩形画墙 (R)/闭合 (C)/回退 (U)]<另一段>:" 按【回车】或【空格】键，表示退出。

【例 3-6】 根据图 3-12 绘制墙体，内外墙均为 180mm 厚的砖墙。

（1）激活绘制墙体命令，根据图 3-12 绘制各段墙体，要注意 "左"、"右"、"中" 的关系;

（2）部分没有轴线定位的地方，请自行补上。效果如图 3-25 所示，为了方便阅读，图 3-25 冻结了 "Dote" 图层。

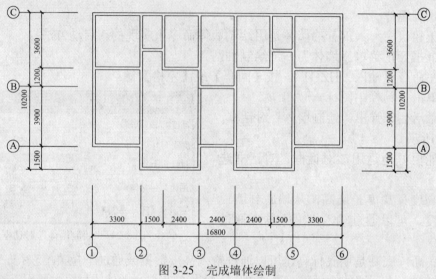

图 3-25　完成墙体绘制

二、墙体的编辑

墙体对象支持 AutoCAD 的通用编辑命令，可使用包括偏移 (Offset)、修剪 (Trim)、延伸 (Extend) 等命令进行修改，对墙体执行以上操作时均不必显示墙基线。此外可直接使用删除(Erase)、移动 (Move) 和复制 (Copy) 命令进行多个墙段的编辑操作。软件中也有专用编辑命令对墙体进行专业的编辑，简单的参数编辑只需要双击墙体即可进入对象编辑对话框，拖动墙体的不同夹点可改变长度与位置。

删除某段墙体后，墙体两端原来的接头会自动闭合，不用专门去修整。

第四节　柱子的绘制与编辑

柱子在建筑设计中主要起到结构支撑作用。柱与墙相交时按墙柱之间的材料等级关系决定柱自动打断墙或者墙穿过柱，如果柱与墙体同材料，墙体被打断的同时与柱连成一体。

柱子按形状划分为标准柱和异形柱。标准柱的常用截面形式包括矩形、圆形和多边形等，异形柱的截面是任意形状的柱子。

一、创建柱子

在实际的建筑物中，柱子的形状多种多样。天正建筑将其划分为标准柱、角柱和构造柱三种。可以根据实际需要选择创建柱子的类型。

1. 创建标准柱

标准柱是具有均匀断面形状的竖直构件。在轴线的交点或任何位置插入矩形柱、圆柱或正多边形柱，后者包括常用的三、五、六、八、十二边形断面，还包括创建异形柱的功能。

插入柱子的基准方向总是沿着当前坐标系的方向，如果当前坐标系是 UCS，柱子的基准方向自动按 UCS 的 X 轴方向，不必另行设置。

启动方法：

（1）单击天正菜单"轴网柱子"→"标准柱"；

（2）在命令行输入"BZZ"，按【回车】或【空格】键；

（3）单击工具栏中图标█。

命令激活后，弹出"标准柱"对话框，如图 3-26 所示。

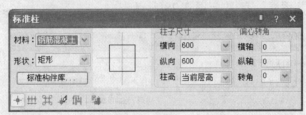

图 3-26 "标准柱"对话框

对话框各选项说明如下。

（1）柱子尺寸：设定柱子的尺寸。

（2）柱高：柱高默认取当前层高，也可从列表选取常用高度。

（3）偏心转角：其中旋转角度在矩形轴网中以 X 轴为基准线。在弧形、圆形轴网中以环向弧线为基准线，以逆时针为正，顺时针为负自动设置。

（4）材料：由下拉列表选择材料，柱子与墙之间的连接形式以两者的材料决定，目前包括砖、石材、钢筋混凝土或金属，默认为钢筋混凝土。

（5）形状：设定柱截面类型，列表框中有矩形、圆形、正三角形、异形柱等柱截面，选择任一种类型成为选定类型，当选择异形柱时调出柱子构件库。

（6）点选插入柱子╋：优先捕捉轴线交点插柱，如未捕捉到轴线交点，则在点取位置按当前 UCS 方向插柱。

（7）沿一根轴线布置柱子▦：在选定的轴线与其他轴线的交点处插柱。

（8）矩形区域的轴线交点布置柱子▦：在指定的矩形区域内，所有的轴线交点处插柱。

（9）替换图中已插入柱子▨：以当前参数的柱子替换图上的已有柱，可以单个替换或者以窗选成批替换。

（10）选择 Pline 创建异形柱▨：以图上已绘制的闭合 Pline 线创建异形柱。

（11）在图中拾取柱子形状或已有柱子▨：图上已绘制的闭合 Pline 线或者已有柱子作为当前标准柱读入界面，接着插入该柱。

设定好对话框的参数，命令行提示：

（1）"点取位置或 [转 90 度 (A)/左右翻 (S)/上下翻 (D)/对齐 (F)/改转角 (R)/改基点 (T)/参考点 (G)]<退出>:" 柱子插入时键入定位方式热键，可见图中处于拖动状态的柱子马上发生改变，在合适时给点定位。

（2）"点取位置或 [转 90 度 (A)/左右翻 (S)/上下翻 (D)/对齐 (F)/改转角 (R)/改基点 (T)/参考点 (G)]<退出>:"……

（3）"点取位置或 [转 90 度 (A)/左右翻 (S)/上下翻 (D)/对齐 (F)/改转角 (R)/改基点 (T)/参考点 (G)]<退出>:" 按【回车】或【空格】键，表示退出。

【例 3-7】 根据图 3-12 布置钢筋混凝土柱，柱子尺寸为 360mm×360mm。

（1）激活标准柱命令，打开"Dote"图层，根据图 3-27 设定相应的参数，根据图 3-12 布置柱子；

（2）完成所有的柱子布置；

（3）通过"设置"→"天正选项"→"对墙柱进行图案填充"，使得柱子显示为实心；

（4）冻结"Dote"图层，效果如图 3-28 所示。

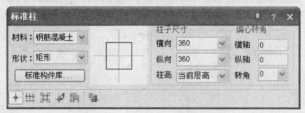

图 3-27　设定柱子的相应参数

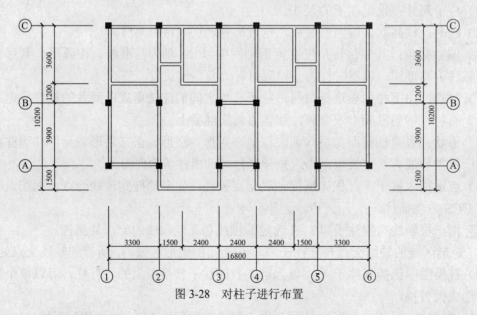

图 3-28　对柱子进行布置

2. 创建角柱

在建筑框架结构的房屋设计中，常在墙角处运用"L"形或"T"形的平面柱子，用来增大室内使用面积或为建筑物增大受力面积。在墙角插入轴线与形状与墙一致的角柱，可以改变各肢长度及各分肢的宽度，宽度默认居中，高度为当前层高。生成的角柱的每一边都可以调整长度和宽度的夹点，可以方便地按要求修改。由于环境工程制图较少应用，这里不做提及。

3. 创建构造柱

在多层砌体房屋墙体规定部位，按构造配筋和先砌墙后浇灌混凝土柱的施工顺序支撑的混凝土柱，通常称为混凝土构造柱，简称构造柱。由于环境工程制图较少应用，这里也不做提及。

二、编辑柱子

当柱子创建完成后，有时还需要对柱子的参数进行编辑，例如对柱子的材料、尺寸、偏心角、转角和位置等进行修改。

1. 柱子对象编辑

双击要替换的柱子，即可显示出对象编辑对话框，与"标准柱"对话框类似，如图 3-29 所示。修改参数后，单击"确定"即可更新所选的柱子，但对象编辑只能逐个对象进行修改，如果要一次修改多个柱子，就应该使用下面介绍的特性编辑功能了。

图 3-29 "标准柱"对象编辑对话框

2. 柱子的特性编辑

柱子的特性编辑是利用 AutoCAD 的对象编辑表，通过修改对象的专业特性即可修改柱子的参数。选中要编辑的柱子，即可在"特性"对话框中修改柱子的参数，如图 3-30 所示。

3. 柱齐墙边

该命令将柱子边与指定墙边对齐，可一次选多个柱子一起完成墙边对齐，条件是各柱都在同一墙段，且对齐方向的柱子尺寸相同。启动方法：

（1）单击天正菜单"轴网柱子"→"柱齐墙边"；

（2）在命令行输入"ZQQB"，按【回车】或【空格】键。

命令激活后，命令行提示：

（1）"请点取墙边<退出>:"单击点取墙边；

（2）"选择对齐方式相同的多个柱子<退出>:"选择要对齐的柱子；

（3）"选择对齐方式相同的多个柱子<退出>:"确定；

（4）"请点取柱边<退出>:"选择其中一个柱子的边；

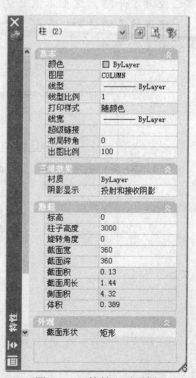

图 3-30 "特性"对话框

（5）"请点取墙边<退出>:"退出。

除了利用柱齐墙边命令移动柱子，还可以使用移动命令移动柱子。

【例3-8】 根据图3-12移动柱子。

【绘图思路】 ①调整轴线1的柱子；②调整轴线6的柱子；③调整轴线A的柱子；④调整轴线C的柱子。

（1）调整轴线1的柱子(使用柱齐墙边命令)

① 激活命令，"请点取墙边<退出>:"单击点取墙边，如图3-31所示的A点；

②"选择对齐方式相同的多个柱子<退出>:"选择轴线A对应的六个柱子；

③"请点取柱边<退出>:"选择其中一个柱子的边，如图3-31的B点；

④"请点取墙边<退出>:"退出。

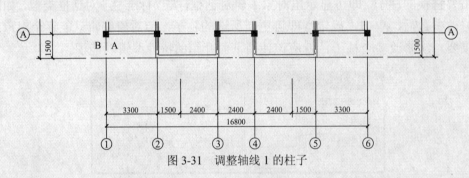

图3-31 调整轴线1的柱子

（2）调整轴线6的柱子 (使用移动命令)。使用移动命令，移动柱子。移动命令在第二章已经做了介绍，这里不做赘述。

使用柱齐墙边命令或移动命令，根据图3-12调整柱子的位置，冻结"Dote"图层，效果如图3-32所示。

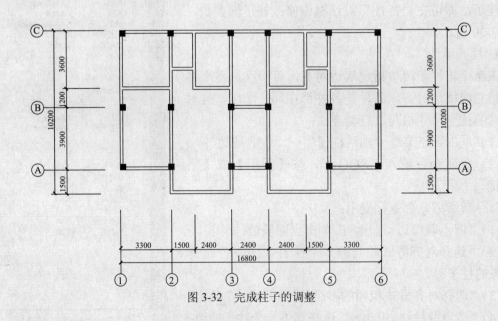

图3-32 完成柱子的调整

第五节　门　　窗

在天正建筑中，门窗属于一种自定义对象，它和墙体之间建立了智能联动关系。当插入门窗后，墙体的外观几何尺寸不变，但墙体对象的粉刷面积、开洞面积已经进行了更新。门窗和其他自定义对象一样，都可以使用 AutoCAD 相关命令及夹点编辑功能，并可以通过电子表格检查和统计出门窗编号。门窗的命令比较多，针对于环境工程绘图的特点，本节将介绍门窗中最基本的创建及编辑方法，一些不常用的命令，本节不做介绍。

一、门窗创建

门窗是建筑物中的重要部分，门窗创建就是在墙上确定门窗的位置。启动方法：

（1）单击天正菜单"门窗"→"门窗"；

（2）在命令行输入"MC"，按【回车】或【空格】键；

（3）单击工具栏中图标 。

命令激活后，弹出"门"对话框，如图 3-33 所示。如果弹出的是"窗"对话框，则单击对话框中 按钮切换到"门"对话框。

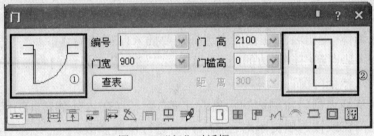

图 3-33　"门"对话框

普通门的二维图样式，可以通过单击图 3-33 的①视图激活"天正图库管理系统"进行选择。根据图 3-12，选择"平开门"→"单扇平开门（无开启线）"(图 3-34)，点击 按钮确定。单击图 3-33 的②视图，选择普通门的三维图样式，方法与二维图样式选择一致。

用户可以在"编号"栏和"门宽"栏输入参数。如图 3-12 的 M1 门宽 800mm，则在"编号"栏中输入"M1"，"门宽"栏中输入"800"。

1. 门窗的插入方式

使用门窗命令可以在墙中插入普通门、普通窗、弧窗、凸窗和矩形洞等。门窗参数对话框下有一工具栏，分隔条左边是定位模式图标（即门窗的插入方式），右边是门窗类型图标。以下按工具栏的门窗定位方式从左到右依次介绍。

（1）自由插入　单击"自由插入" 按钮，可在墙段的任意位置插入，速度快但不易准确定位，通常用在方案设计阶段。以墙中线为分界内外移动光标，可控制内外开启方向，按【Shift】键控制左右开启方向，点击墙体后，门窗的位置和开启方向就完全确定了。命令行提示：

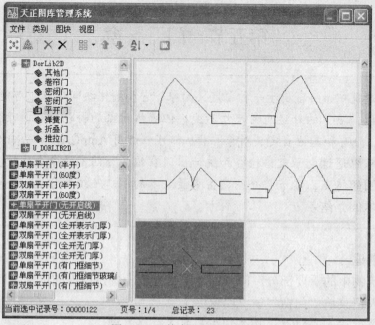

图 3-34　"单扇平开门"样式

"点取门窗插入位置 (Shift-左右开)<退出>:"点取要插入门窗的墙体即可插入门窗，按【Shift】键改变开向。

（2）沿着直墙顺序插入。单击"沿着直墙顺序插入"　　 按钮，可以用一段墙的起点为基点按照设定的距离插入门窗。单击该工具栏后，命令行提示：

① "点取墙体<退出>:"在视图中选择需要插入门窗的墙体；

② "输入从基点到门窗侧边的距离<退出>:"输入从基点到门窗侧边的距离值后按【回车】键即可插入一个门窗；

③ "输入从基点到门窗侧边的距离或 [左右翻转 (S)/内外翻转 (D)]"继续输入偏移距离值创建新的门窗或按选项提示对已插入门窗进行位置修改。

（3）轴线等分插入。单击"轴线等分插入"　　按钮，将一个或多个门窗等分插入到两根轴线间的墙段等分线中间，如果墙段内没有轴线，则该侧按墙段基线等分插入。单击该工具栏后，命令行提示：

① "点取门窗大致的位置和开向 (Shift-左右开)<退出>:"在插入门窗的墙段上任取一点，与该点相邻的轴线亮显；

② "指定参考轴线 (S)/输入门窗个数 (1～3)<1>:"键入插入门窗的个数。括弧中给出按当前轴线间距和门窗宽度计算可以插入的个数范围，结果如图 3-35 所示；键入 S 可跳过亮显的轴线，选取其他轴线作为等分的依据，但要求仍在同一个墙段内。如图 3-35 所示，插入窗的个数为 3。

（4）墙段等分插入。单击"墙段等分插入"　　按钮，与轴线等分插入相似，本命令在一个墙段上按墙体较短的一侧边线，插入若干个门窗，按墙段等分使各门窗之间墙垛的长度相等。单击该工具栏后，命令行提示：

① "点取门窗大致的位置和开向 (Shift－左右开)<退出>:"在插入门窗的墙段上单击一点；

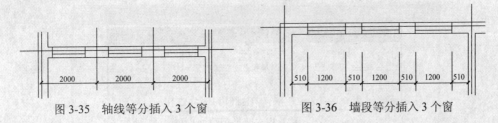

图 3-35 轴线等分插入 3 个窗　　　　图 3-36 墙段等分插入 3 个窗

②"门窗个数 (1～3)<1>:"键入插入门窗的个数,括号中给出按当前墙段与门窗宽度计算可用个数的范围。如图 3-36 所示,插入窗的个数为 3。

(5)垛宽定距插入。单击"垛宽定距插入" 按钮,系统选取距点取位置最近的墙边线顶点作为参考点,按指定垛宽距离插入门窗。本命令特别适合插室内门,图 3-37 设置垛宽 240mm,在靠近墙角左侧插入门。单击该工具栏后,命令行提示:

"点取门窗大致的位置和开向 (Shift－左右开)<退出>:"点取参考垛宽一侧的墙段插入门窗。

(6)轴线定距插入。单击"轴线定距插入" 按钮,与垛宽定距插入相似,系统自动搜索距离点取位置最近的轴线与墙体的交点,将该点作为参考位置按预定距离插入门窗。如图 3-38 所示,轴线定距 360mm。

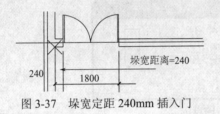

图 3-37 垛宽定距 240mm 插入门

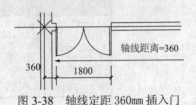

图 3-38 轴线定距 360mm 插入门

(7)按角度定位插入。单击"垛宽定距插入" 按钮,本命令专用于弧墙插入门窗,按给定角度在弧墙上插入直线型门窗。单击该工具栏后,命令行提示:

①"点取弧墙<退出>:"点取弧线墙段;

②"门窗中心的角度<退出>:"键入需插入门窗的角度值。

(8)满墙插入。单击"垛宽定距插入" 按钮,本命令专用于弧墙插入门窗,按给定角度在弧墙上插入直线型门窗。单击该工具栏后,命令行提示:

"点取门窗大致的位置和开向 (Shift－左右开)<退出>:" 点取墙段,【回车】结束。

(9)插入上层门窗。单击"垛宽定距插入" 按钮,在同一个墙体已有的门窗上方再加一个宽度相同、高度不同的窗,这种情况常常出现在高大的厂房外墙中。先单击"插入上层门窗"图标,然后输入上层窗的编号、窗高和上下层窗间距离。使用本方式时,注意尺寸参数中上层窗的顶标高不能超过墙顶高。

(10)门窗替换。单击"替换" 按钮,用于批量修改门窗,包括门窗类型之间的转换。如图 3-39 所示,用对话框内的当前参数作为目标参数,替换图中已经插入的门窗。单击"替换"按钮,对话框右侧出现参数过滤开关。如果不打算改变某一参数,可去除该参数开关的勾选项,对话框中该参数按原图保持不变。例如将门改为窗要求宽度不变,应将宽度开关去除勾选。

图 3-39　替换门窗

【例 3-9】　根据图 3-12 布置门，其中 M1 门宽 800mm，M2 门宽 700mm。

【绘图思路】　①布置楼梯西边的 M1 门；②布置楼梯西边的 M2 门；③楼梯东边的门窗由于和西边的门窗是镜像关系，所以等绘制完窗户后，将西边的门窗一并镜像到楼梯的西边。

（1）打开"Dote"图层，激活门窗命令，使用"轴线定距插入"命令，插入 M1 门。门的二维图样式选择"平开门"→"单扇平开门（无开启线）"，在"编号"栏中输入"M1"，"门宽"栏中输入"800"，"距离"栏输入"200"，如图 3-40 所示。点取墙段位置，如图 3-41 的 A 点和 B 点位置，可以使用【Shift】键控制门左右开启方向。

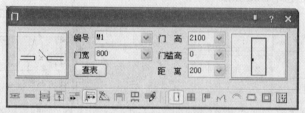

图 3-40　门参数的设定

（2）使用"垛宽定距插入" 命令，插入 M1 门。"距离"栏输入"120"。点取墙段位置，如图 3-41 的 C 点位置，可以使用【Shift】键控制门左右开启方向。

（3）使用相同的方法，布置楼梯西边的 M1 门和 M2 门，完成效果如图 3-42 所示。

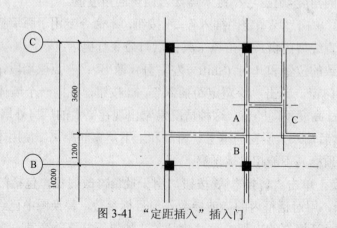

图 3-41　"定距插入"插入门

值得说明的是：本例中门布置方法并不是唯一的布置方法，读者可以根据实际情况和自己的习惯，选择其他的方法布置门。

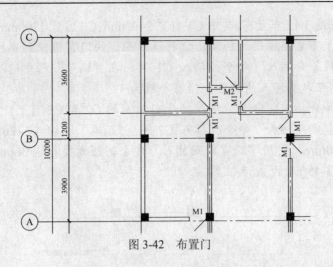

图 3-42 布置门

2. 普通窗

在"门"对话框中单击 按钮切换到"窗"对话框。其特性和普通门类似,其参数如图 3-43 所示,比普通门多一个"高窗"复选框控件,勾选后按规范图例以虚线表示高窗。

图 3-43 "窗"对话框

普通窗的二维图样式,可以通过单击图 3-43 的①视图激活"天正图库管理系统"进行选择。根据图 3-12,选择"四线表示"(图 3-44),点击 按钮表确定。单击图 3-43 的②视图,选择普通窗的三维图样式,方法与二维图样式选择一致。

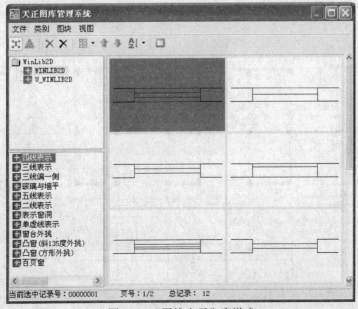

图 3-44 "四线表示"窗样式

【例3-10】根据图3-12布置窗,其中C1窗宽2400mm,C2窗宽1200mm,C3窗宽900mm。

【绘图思路】 ①布置楼梯西边的窗;②将楼梯西边的门窗镜像到楼梯的东边。

（1）使用"墙段等分插入"命令,插入C1窗。在"编号"栏中输入"C1","窗宽"栏中输入"2400",点取要插入的墙段,门窗个数为1。

（2）用"墙段等分插入"命令,插入轴号C对应的C2和C3窗。

（3）使用"垛宽定距插入"命令,插入C2窗。"距离"栏输入"260"（图3-12中C2窗与外墙距离为620mm,使用"垛宽定距插入"命令,距离要扣除360mm的柱子宽）。点取墙段位置,如图3-45(a)的A点位置。

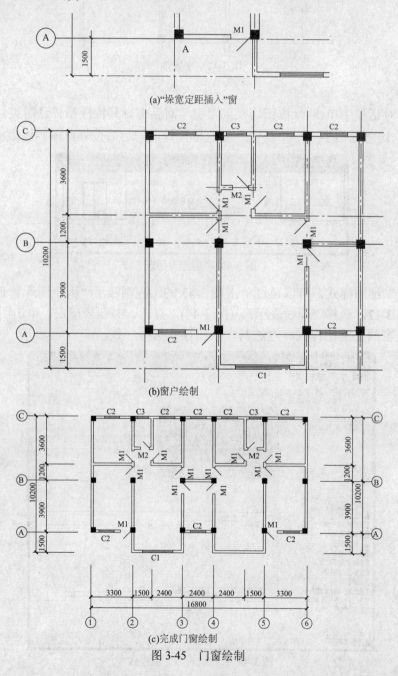

图3-45 门窗绘制

（4）完成楼梯西边窗的布置，如图 3-45(b) 所示。

（5）激活镜像命令，镜像门窗，如图 3-45(c) 所示。值得说明的是：不可以锁定墙体图层，否则门窗镜像后，墙体不会自动打断。

3. 其他门窗的类型

在门窗参数对话框下有一工具栏，右边是门窗类型图标。用户可以选择插入不同的门窗类型，包括插门、插窗、插门连窗、插子母门、插弧窗、插凸窗、插矩形洞、标准构建库等按钮，单击每一个按钮都会生成一个不同参数的对话框。以下门窗在环境工程制图中使用概率不大，这里仅作简单介绍。

（1）插门连窗。单击对话框中 按钮插入普通窗，如图 3-46 所示。门连窗是一个门和一个窗的组合，在门窗表中作为单个门窗进行统计，缺点是门的平面图例固定为单扇平开门，需要选择其他图例可以使用组合门窗命令代替。

图 3-46　"门连窗"对话框

（2）插子母门。单击对话框中 按钮插入子母门，如图 3-47 所示。子母门是两个平开门的组合，在门窗表中作为单个门窗进行统计，缺点同上，优点是参数定义比较简单。

图 3-47　"子母门"对话框

（3）插弧窗。单击对话框中 按钮插入弧窗，如图 3-48 所示。安装在弧墙上，安装有与弧墙具有相同的曲率半径的弧形玻璃。二维用三线或四线表示，缺省的三维为一弧形玻璃加四周边框，弧窗的参数如图 3-48 所示。用户可以用【窗棂展开】与【窗棂映射】命令来添加更多的窗棂分格。

图 3-48　"弧窗"对话框

（4）插凸窗。单击对话框中 按钮插入凸窗，如图 3-49 所示。凸窗即外飘窗。二维视图依据用户的选定参数确定，默认的三维视图包括窗楣与窗台板、窗框和玻璃。对于楼板挑出的落地凸窗和封闭阳台，平面图应该使用带形窗来实现。

图 3-49 "凸窗"对话框

（5）插矩形洞。单击对话框中 ▢ 按钮插入矩形洞，如图 3-50 所示。墙上的矩形空洞，可以穿透也可以不穿透墙体，有多种二维形式可选。对于不穿透墙体的洞口，用户只能使用【异形洞】命令，给出洞口进入墙体的深度。

图 3-50 "矩形洞"对话框

二、门窗的编辑

用户对门窗的编辑包括夹点编辑、对象编辑与特性编辑、内外翻转、左右翻转等。选择好的门窗可以激活夹点编辑，拖动夹点可以对单个门窗进行编辑；执行内外翻转及左右翻转命令可以批量修改门窗开启的方向。

1. 夹点编辑

普通门、普通窗都有若干个预设好的夹点，拖动夹点时门窗对象会按预设的行为作出动作，熟练操纵夹点进行编辑是用户应该掌握的高效编辑手段，夹点编辑的缺点是一次只能对一个对象操作，而不能一次更新多个对象，为此系统提供了各种门窗编辑命令。

门窗对象提供的编辑夹点功能如图 3-51 所示。需要指出的是，部分夹点需要用【Ctrl】键来切换功能。

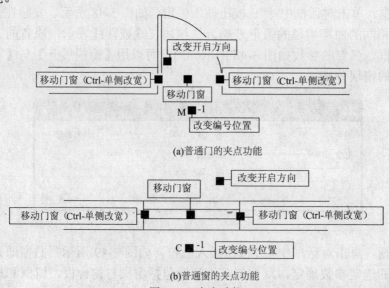

图 3-51 夹点功能

【**例 3-11**】　调整图 3-52 中重叠的门编号位置。

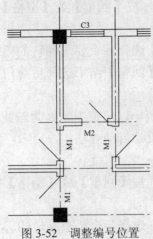

图 3-52　调整编号位置

（1）点击 M2，如图 3-53(a) 所示，激活编号夹点；

（2）拖动至合适位置，如图 3-53(b) 所示。

图 3-53　调整编号位置的操作

2. 对象编辑

双击创建的门窗对象或者把鼠标移至门窗对象上，右键打开快捷菜单，选中对象编辑，都可以进入对象编辑状态，打开"对象编辑"对话框。门窗对象编辑与"门"或"窗"对话框中的参数相似，只是减少了最下面一排插入和替换按钮，多了一项"单侧改宽"复选框，如图 3-54 所示。

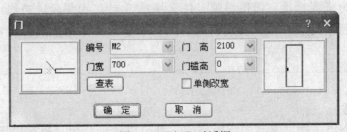

图 3-54　"门"对话框

3. 内外翻转

选择需要内外翻转的门窗，统一以墙中为轴线进行翻转，适用于一次处理多个门窗的情况，方向总是与原来相反。启动方法：

（1）单击天正菜单"门窗"→"内外翻转"；

（2）在命令行输入"NWFZ"，按【回车】或【空格】键。

激活命令后，命令行提示：

（1）"选择待翻转的门窗："选择各个要求翻转的门窗；

（2）"选择待翻转的门窗："【回车】结束选择后对门窗进行翻转，如图 3-55 所示。

4. 左右翻转

选择需要左右翻转的门窗，统一以门窗中垂线为轴线进行翻转，适用于一次处理多个门窗的情况，方向总是与原来相反。启动方法：

（1）单击天正菜单"门窗"→"左右翻转"；

（2）在命令行输入"ZYFZ"，按【回车】或【空格】键。

激活命令后，命令行提示：

（1）"选择待翻转的门窗："选择各个要求翻转的门窗；

（2）"选择待翻转的门窗："【回车】结束选择后对门窗进行翻转，如图 3-55 所示。

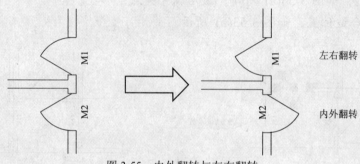

图 3-55 内外翻转与左右翻转

第六节 楼 梯

楼梯是建筑物的竖向构件，是供人和物上下楼层以及疏散人流之用，因此对楼梯的设计要求是具有足够的通行能力。天正建筑的梯段是楼梯的构成单元，按照平面形式主要分为直线梯段、圆弧梯段、任意梯段 3 种。由梯段进而组成常用的双跑楼梯、多跑楼梯。结合环境工程制图的特点，本节主要介绍直线梯段和双跑楼梯的绘制和编辑。

一、直线梯段

直线梯段命令用于楼层不高的室内空间，既可以单独使用，也可以用于组合复杂楼梯与坡道。启动方法：

（1）单击天正菜单"楼梯其他"→"直线梯段"；

（2）在命令行输入"ZXTD"，按【回车】或【空格】键；

命令激活后，弹出"直线梯段"对话框，如图 3-56 所示。

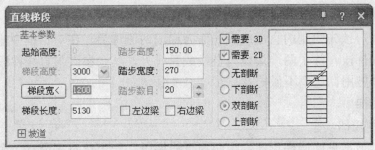

图3-56　"直线梯段"对话框

对话框各选项说明如下。

（1）梯段宽<：梯段宽度，该项为按钮项，可在图中点取两点获得梯段宽。

（2）起始高度：相对于本楼层地面起算的楼梯起始高度，梯段高以此算起。

（3）楼梯长度：直段楼梯的踏步宽度×(踏步数目－1)=平面投影的梯段长度。

（4）梯段高度：直段楼梯的总高，始终等于踏步高度的总和，如果梯段高度被改变，自动按当前踏步高调整踏步数，最后根据新的踏步数重新计算踏步高。

（5）踏步高度：输入一个概略的踏步高设计初值，由楼梯高度推算出最接近初值的设计值。由于踏步数目是整数，梯段高度是一个给定的整数，因此踏步高度并非总是整数。用户给定一个概略的目标值后，系统经过计算确定踏步高的精确值。

（6）踏步数目：该项可直接输入或者步进调整，由梯段高和踏步高概略值推算取整获得，同时修正踏步高，也可改变踏步数，与梯段高一起推算踏步高。

（7）踏步宽度：楼梯段的每一个踏步板的宽度。

（8）需要 3D/2D：用来控制梯段的二维视图和三维视图，某些梯段只需要二维视图，某些梯段则只需要三维。

（9）剖断设置：包括无剖断、下剖断、双剖断和上剖断四种设置。

（10）作为坡道：勾选此复选框，踏步作防滑条间距，楼梯段按坡道生成。有"加防滑条"和"落地"复选框。

直线梯段绘图实例如图3-57所示。

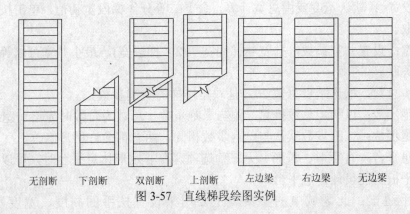

无剖断　　下剖断　　双剖断　　上剖断　　左边梁　　右边梁　　无边梁

图3-57　直线梯段绘图实例

二、圆弧梯段

本命令创建单段弧线型梯段，适合单独的圆弧楼梯，也可与直线梯段组合创建复杂楼梯和坡道，如大堂的螺旋楼梯与入口的坡道。由于环境工程制图较少应用，这里不做提及。

三、任意梯段

本命令以用户预先绘制的直线或弧线作为梯段两侧边界，在对话框中输入踏步参数，创建形状多变的梯段，除了两个边线为直线或弧线外，其余参数与直线梯段相同。由于环境工程制图较少应用，这里不做提及。

四、双跑楼梯

1. 创建双跑楼梯

双跑楼梯是最常见的楼梯形式，由两跑直线梯段、一个休息平台、一个或两个扶手和一组或两组栏杆构成的自定义对象，具有二维视图和三维视图。启动方式：

（1）单击天正菜单"直线梯段"→"双跑楼梯"；

（2）在命令行输入"SPLT"，按【回车】或【空格】键；

（3）单击工具栏中图标██。

命令激活后，弹出"双跑楼梯"对话框，如图 3-58 所示。

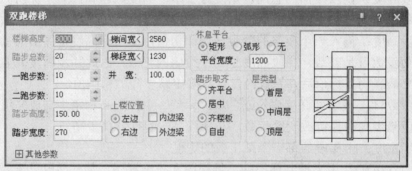

图 3-58　"双跑楼梯"对话框

在"双跑楼梯"对话框中，有很多参数和"直线梯段"参数相同，接下来针对控件解释如下。

（1）梯间宽<：双跑楼梯的总宽。单击按钮可从平面图中直接量取楼梯间净宽作为双跑楼梯总宽。

（2）梯段宽<：默认宽度或由总宽计算，余下二等分作梯段宽初值，单击按钮可从平面图中直接量取。

（3）井宽：设置井宽参数，井宽＝梯间宽－(2×梯段宽)，最小井宽可以等于 0，这三个数值互相关联。

（4）踏步总数：默认踏步总数 20，是双跑楼梯的关键参数。

（5）一跑步数：以踏步总数推算一跑与二跑步数，总数为奇数时先增二跑步数。

（6）二跑步数：二跑步数默认与一跑步数相同，两者都允许用户修改。

（7）休息平台：有矩形、弧形、无三种选项，在非矩形休息平台时，可以选无平台，以便自己用平板功能设计休息平台。

（8）扶手边梁：此区域中的参数，主要用来设置扶手的高度、宽度及距边（距离扶手边的距离）值。扶手边梁下面区域内四个复选框，用于设置是否生成内侧栏杆和梁。

（9）踏步取齐：除了两跑步数不等时，可直接在"齐平台"、"居中"、"齐楼板"中选择两梯段相对位置外，也可以通过拖动夹点任意调整两梯段之间的位置，此时踏步取齐为"自由"。

（10）层类型：在平面图中按楼层分为三种类型绘制：①首层只给出一跑的下剖断；②中间层的一跑是双剖断；③顶层的一跑无剖断。

在确定楼梯参数和类型后即可把鼠标拖到作图区插入楼梯，命令行提示：

"点取位置或 [转 90 度 (A)/左右翻 (S)/上下翻 (D)/对齐 (F)/改转角 (R)/改基点 (T)]<退出>:"直接在需要插入楼梯的位置单击或者按照选项提示对插入点位置进行调整，即可完成双跑楼梯的创建。

【例 3-12】　根据图 3-12 布置双跑楼梯。

（1）启动双跑楼梯命令，弹出如图 3-58 所示"双跑楼梯"对话框。

（2）按图 3-59 设置参数。

（3）完成双跑楼梯的插入，如图 3-60 所示。

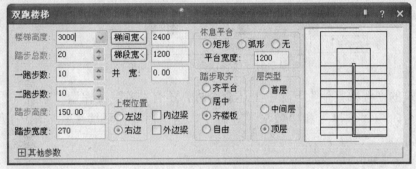

图 3-59　"双跑楼梯"参效设置

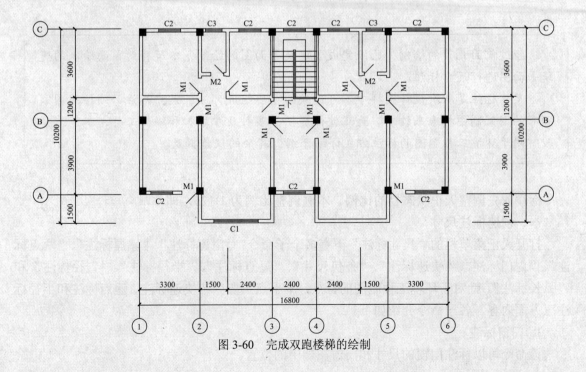

图 3-60　完成双跑楼梯的绘制

2. 编辑双跑楼梯

　　双击已创建的楼梯，可以打开"双跑楼梯"对话框，在该对话框中，可以对其参数进行修改，修改完成后，单击"确定"按钮，即可完成该双跑楼梯的编辑。也可以单击选中该双跑楼梯，系统显示了该楼梯可编辑的各个节点，其功能显示如图 3-61所示。

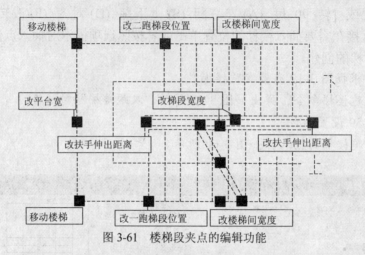

图 3-61　楼梯段夹点的编辑功能

　　天正建筑的"楼梯其他"下除了上述命令外，还有"多跑楼梯"、"电梯"、"自动扶梯"、"阳台"、"台阶"、"坡度"和"散水"等命令。这些命令在环境工程制图中应用不多，这里不做介绍。

第七节　尺寸标注

　　　　经过前面几节的绘制，已经完成了建筑平面图的绘制，本节将对前面绘制的建筑平面图进行尺寸标注。

　　　　尺寸标注是所有设计图样中不可或缺的重要组成部分，尺寸标注必须按照国家颁布的国家制图标准来绘制。天正软件提供了多种尺寸添加和编辑工具，本节选择较常用于环境工程制图的标注方式详细介绍，其余的仅作提及。

　　标注前先调整天正状态栏的比例。本例调整比例为 1:125，即 比例 1:125 ▼ 。

一、创建标注尺寸

　　打开天正菜单栏的"尺寸标注"下有多个子命令："门窗标注"、"墙厚标注"、"两点标注"、"内门标注"、"快速标注"、"外包尺寸"、"逐点标注"、"半径标注"、"直径标注"和"弧长标注"。针对于环境工程制图的特点，本小点主要介绍快速标注、逐点标注和半径标注三方面内容。各子命令介绍如下。

1. 门窗标注

该命令可以标注门窗的尺寸和门窗在墙中的位置。

2. 墙厚标注

该命令可以在图中标注两点连线经过的一至多段天正墙体对象的墙厚尺寸。

3. 两点标注

该命令为两点连线附近有关系的轴线、墙线、门窗、柱子等构件标注尺寸，并可标注各墙中点或者添加其他标注点，【U】快捷键可撤销上一个标注点。

4. 内门标注

本命令用于标注平面室内门窗尺寸以及定位尺寸线，其中定位尺寸线与邻近的正交轴线或者墙角(墙垛)相关。

5. 快速标注

本命令可快速识别图形的外轮廓线或对象节点并标注尺寸，该命令特别适用于选取平面图后快速标注外包尺寸线。启动方法：

（1）单击天正菜单"尺寸标注" → "快速标注"；

（2）在命令行输入"KSBZ"，按【回车】或【空格】键。

命令激活后，命令行提示：

（1）"选择要标注的几何图形:"选取天正对象或平面图；

（2）"选择要标注的几何图形:"选取其他对象或回车结束；

（3）"请指定尺寸线位置或 [整体 (T)/连续 (C)/连续加整体 (A)]<整体>:"选项中"整体 (T)"是从整体图形创建外包尺寸线，"连续 (C)"是提取对象节点创建连续直线标注尺寸，"连续加整体 (A)"是两者同时创建。

6. 外包尺寸

本命令是一个简捷的尺寸标注修改工具，在大部分情况下，可以一次按规范要求完成四个方向的两道尺寸线共 16 处修改，期间不必输入任何墙厚尺寸。

7. 逐点标注

本命令是一个通用的灵活标注工具，对选取的一串给定点沿指定方向和选定的位置标注尺寸。特别适用于没有指定天正对象特征，需要取点定位标注的情况，以及其他标注命令难以完成的尺寸标注，标注如图 3-62 所示。启动方法：

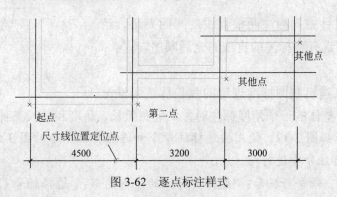

图 3-62　逐点标注样式

（1）单击天正菜单"尺寸标注" → "逐点标注"；

（2）在命令行输入"ZDBZ"，按【回车】或【空格】键；

（3）单击工具栏中图标⊔⊔⊔。

命令激活后，命令行提示：

（1）"起点或 [参考点 (R)]<退出>:"点取第一个标注点作为起始点；

（2）"第二点<退出>:"点取第二个标注点；

（3）"请点取尺寸线位置或 [更正尺寸线方向 (D)]<退出>:"拖动尺寸线，点取尺寸线就位点，或键入 D 选取线或墙对象用于确定尺寸线方向；

（4）"请输入其他标注点或 [撤消上一标注点 (U)]<结束>:"逐点给出标注点，并可以回退；

......

（5）"请输入其他标注点或 [撤消上一标注点 (U)]<结束>:"继续取点，按【回车】键，表示结束。

8. 半径标注

本命令在图中标注弧线或圆弧墙的半径，尺寸文字容纳不下时，会按照制图标准规定，自动引出标注在尺寸线外侧。启动方法：

（1）单击天正菜单"尺寸标注"→"半径标注"；

（2）在命令行输入"BJBZ"，按【回车】或【空格】键；

（3）单击工具栏中图标◌。

命令激活后，命令行提示：

"请选择待标注的圆弧<退出>:"此时点取圆弧上任一点，即在图中标注好半径，如图3-63 所示。

9. 直径标注

本命令在图中标注弧线或圆弧墙的直径，尺寸文字容纳不下时，会按照制图标准规定，自动引出标注在尺寸线外侧。直径标注的方法与半径标注的方法相类似，这里不再重复，标注效果如图3-63 所示。

10. 角度标注

本命令按逆时针方向标注两根直线之间的夹角，请注意按逆时针方向选择要标注的直线的先后顺序。

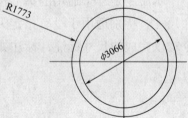

图 3-63　半径和直径标注

11. 弧长标注

本命令以国家建筑制图标准规定的弧长标注画法分段标注弧长，保持整体的一个角度标注对象，可在弧长、角度和弦长三种状态下相互转换。

【例 3-13】 根据图 3-12，使用快速标注命令和逐点标注命令对图 3-60 进行标注。

1. 使用快速标注命令进行标注

（1）激活命令，命令行提示："选择要标注的几何图形:"选择轴号 C 对应的部分，【回车】表确定，如图 3-64(a) 所示。

（2）"请指定尺寸线位置或 [整体 (T)/连续 (C)/连续加整体 (A)]<整体>:"【C】，并拖动尺寸线到合适的位置，如图 3-64(b) 所示。

（3）用同样的方法标注轴号 A 对应的部分。

2. 使用逐点标注命令进行标注

如图 3-65(a) 所示，标注需要标注的部分。

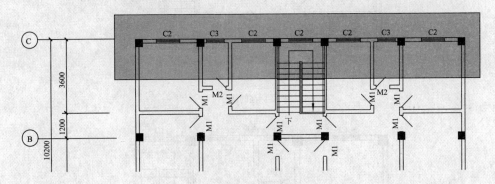

(a)选择要标注的对象

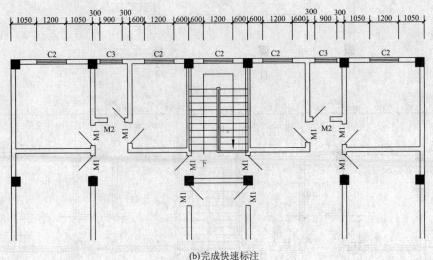

(b)完成快速标注

图 3-64　快速标注

（1）激活命令，命令行提示："起点或 [参考点 (R)]<退出>:"点取 A 点作为起始点；

（2）"第二点<退出>:"点取 B 点作为第二个标注点；

（3）"请点取尺寸线位置或 [更正尺寸线方向 (D)]<退出>:"拖动尺寸线，点取尺寸线就位点，或键入【D】选取线或墙对象用于确定尺寸线方向；

（4）"请输入其他标注点或 [撤消上一标注点 (U)]<结束>:"点取 C 点；

（5）"请输入其他标注点或 [撤消上一标注点 (U)]<结束>:"按【回车】键表示结束。

标注效果如图 3-65(b) 所示。

值得说明的是：对图 3-60 的标注可以使用墙厚标注、外包尺寸等其他命令，但是为了让读者更好地掌握快速标注和逐点标注命令，本例采用这两个命令进行标注。标注完成效果如图 3-65(c) 所示。

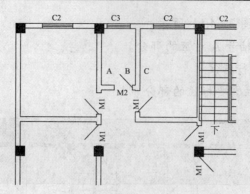

（a）标注需要标注的部分

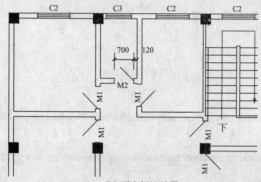

（b）逐点标注效果

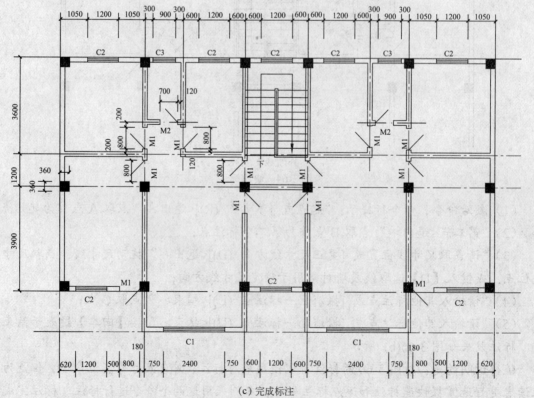

（c）完成标注

图 3-65　逐点标注

二、编辑标注尺寸

在进行尺寸标注的过程中，部分标注的尺寸线位置由软件自动生成，而另一部分的尺寸线位置则由用户指定，并且尺寸标注的种类繁多，不可能一次完成所有对象的尺寸标准，因而要对尺寸标注进行编辑。

1. 文字复位

本命令将尺寸标注中被拖动夹点移动过的文字恢复回原来的初始位置，可解决夹点拖动不当时与其他夹点合并的问题。单击"尺寸标注"→"尺寸编辑"→"文字复位"，选择需要复位的天正尺寸，按【回车】，即可将标注文本还原到初始位置。

2. 文字复值

本命令将尺寸标注中被有意修改的文字恢复回尺寸的初始数值。读者可以使用本命令按实测尺寸恢复文字的数值。单击"尺寸标注"→"尺寸编辑"→"文字复值"，点取要恢复的天正尺寸标注（可多选），按【回车】，即可将选到的尺寸标注中所有文字恢复实测数值。

3. 剪裁延伸

该命令在尺寸线的某一端，按指定点剪裁或延伸该尺寸线。该命令自动判断对尺寸线的剪裁或延伸。启动方法：

（1）单击天正菜单"尺寸标注"→"尺寸编辑"→"剪裁延伸"；

（2）在命令行输入"JCYS"，按【回车】或【空格】键。

命令激活后，命令行提示：

（1）"请给出剪裁延伸的基准点或[参考点(R)]<退出>："点取剪裁线要延伸到的位置。

（2）"要剪裁或延伸的尺寸线<退出>："点取要作剪裁或延伸的尺寸线后，所点取的尺寸线的点取一端即作了相应的剪裁或延伸；

（3）"要剪裁或延伸的尺寸线<退出>："命令行重复以上显示，按【回车】，退出。

4. 取消尺寸

本命令删除天正标注对象中指定的尺寸线区间。因为天正标注对象是由多个区间的尺寸线组成的，用删除命令无法删除其中某一个区间，必须使用本命令完成。单击"尺寸标注"→"尺寸编辑"→"取消尺寸"，点击需取消尺寸的天正尺寸标注文字，即可取消所选尺寸。

5. 连接尺寸

本命令连接两个独立的天正自定义直线或圆弧标注对象，将点取的两尺寸线区间段加以连接，原来的两个标注对象合并成为一个标注对象，如果准备连接的标注对象尺寸线之间不共线，连接后的标注对象以第一个点取的标注对象为主标注尺寸对齐，通常用于把AutoCAD 的尺寸标注对象转为天正尺寸标注对象。单击"尺寸标注"→"尺寸编辑"→"连接尺寸"，依次指定需要连接的两段尺寸标注即可。

6. 尺寸打断

本命令把整体的天正自定义尺寸标注对象在指定的尺寸界线上打断，成为两段互相独立的尺寸标注对象。单击"尺寸标注"→"尺寸编辑"→"尺寸打断"，指定打断一侧的尺寸线即可将尺寸打断。

7. 合并区间

合并区间是将多段需要合并的尺寸标注合并到一起，本命令可作为"增补尺寸"命令的逆命令使用。单击"尺寸标注"→"尺寸编辑"→"合并区间",在绘图区中框选要合并区间中的尺寸线箭头,即可将所选箭头的尺寸线进行合并。

8. 对齐标注

该命令可以将多个选择的标注进行对齐操作,使图样更加美观。单击"尺寸标注"→"尺寸编辑"→"对齐标注",在绘图区中指定要参考的标注,然后指定要对齐的标注对象,【回车】确认。

9. 增补尺寸

该命令可在一个天正自定义直线标注对象中增加区间,增补新的尺寸界线对象断开原有开间,但不增加新标注对象。双击尺寸标注对象或者单击"尺寸标注"→"尺寸编辑"→"增补尺寸",均可以启动该命令,接着在绘图区选择需要增补尺寸的尺寸标注对象,然后指定增补的标注点位置,即可增补尺寸。

10. 尺寸转化

本命令将 AutoCAD 尺寸标注对象转化为天正标注对象。单击"尺寸标注"→"尺寸编辑"→"尺寸转化",在绘图区选择 AutoCAD 尺寸转化为天正标注对象的 AutoCAD 尺寸标注对象,【回车】即可。

11. 尺寸自调

该命令可将尺寸标注文本重叠的对象进行重新排列,使其能达到最佳观看效果。单击"尺寸标注"→"尺寸编辑"→"尺寸自调",在绘图区选择需要调整标注文本的标注,按【回车】,即可完成尺寸自调操作。

12. 上调、下调或自调关

该命令包含"自调关"、"上调"和"下调"三个命令,单击"尺寸标注"→"尺寸编辑"→"上调/下调/自调关",即可在这三个命令之间互相切换。当显示为"上调",且执行"尺寸自调"时,其重叠的尺寸标注文本会向上排列;当显示为"下调",且执行"尺寸自调"时,其重叠的尺寸标注文本会向下排列;当显示为"自调关",且执行"尺寸自调"时,不会影响原始标注的效果。

三、设置标注样式

如果天正默认的标注样式不能够满足标注要求的话,就要设置标注样式。可以通过 AutoCAD 的"样式管理器"进行设置。一个完成的尺寸标注应由标注文字、尺寸线、尺寸界线和尺寸箭头等部分组成,如图 3-66 所示。

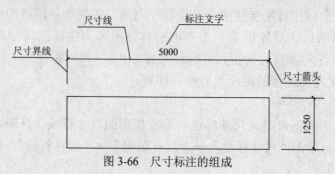

图 3-66　尺寸标注的组成

(1) 单击菜单"标注"→"标注样式";

(2) 单击菜单"格式"→"标注样式";

（3）在命令行输入"DIMSTYLE"，按【回车】或【空格】键；

（4）单击样式工具栏中图标 ◢。

命令激活后，弹出"标注样式管理器"对话框，如图3-67所示。利用此对话框可方便地设置和浏览尺寸标注样式，包括建立新的标注样式、修改已存在的样式、设置当前尺寸标注样式、样式重命名以及删除一个已存在的样式。在样式区里有"Standard"和"_TCH_ARCH"样式。"Standard"样式是AutoCAD使用的默认样式，"_TCH_ARCH"样式是天正建筑使用的样式。点击"_TCH_ARCH"样式，点击 修改(M)... 按钮，进入如图3-68所示"修改标注样式"对话框。

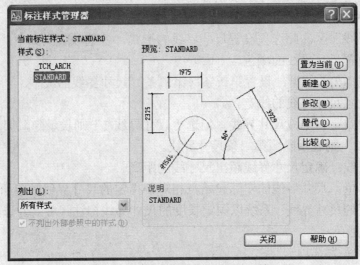

图3-67　"标注样式管理器"对话框

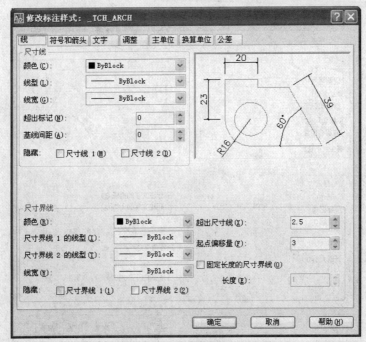

图3-68　"修改标注样式"对话框

1. "线"选项卡

该选项卡用于设置尺寸线、尺寸界线的形式和特性。现介绍如下。

（1）"尺寸线"区。设置尺寸线的特性，各选项含义如下。

① 颜色：显示并设置尺寸线的颜色。

② 线型：设置尺寸线的线型。

③ 超出标记：当箭头使用倾斜、建筑标记、积分和无标记时，设置尺寸线超出尺寸界线的距离。

④ 基线间距：设置以基线标注方式标注尺寸时，相邻两尺寸线之间的距离。

⑤ 隐藏：确定是否隐藏尺寸线及相应的箭头。勾选"尺寸线1"则表示隐藏第一条尺寸线；勾选"尺寸线2"则表示隐藏第二条尺寸线。

（2）"尺寸界线"区。此选项设置尺寸界线的形式，各选项含义如下。

① 颜色：设置尺寸界线的颜色。

② 尺寸界线1(2)的线型：设置第一条（第二条）尺寸界线的线型。

③ 线宽：设置尺寸界线的线宽。

④ 隐藏：确定是否隐藏尺寸界线。勾选"尺寸界线1"则表示隐藏第一条尺寸界线；勾选"尺寸界线2"则表示隐藏第二条尺寸界线。

⑤ 超出尺寸线：确定尺寸界线超出尺寸线的距离。

⑥ 起点偏移量：尺寸界线的实际起始点相对于指定的尺寸界线的起始点的偏移量。

⑦ 固定长度的尺寸界线：系统以固定长度的尺寸界线标注尺寸。勾选后，可以在"长度"框中输入长度值。

2. "符号和箭头"选项卡

本选项卡用于设置箭头、圆心标记、弧长符号和折弯半径标注的样式和特性，如图3-69所示。

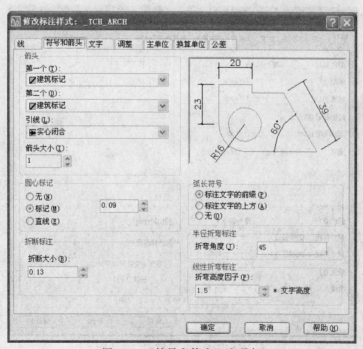

图3-69 "符号和箭头"选项卡

各选项介绍如下。

（1）"箭头"选项卡。设置尺寸线的特性，各选项含义如下。

① 第一个：设置第一条尺寸线的箭头。当改变第一个箭头的类型时，第二个箭头将自动改变以同第一个箭头相匹配。

② 第二个：设置第二条尺寸的箭头。

③ 引线：设置引线箭头。

④ 箭头大小：显示和设置箭头的大小。

（2）"圆心标记"选项卡。此选项区用于控制直径标注和半径标注的圆心标记和中心线的外观。

① 无：不创建圆心标记或中心线。

② 标记：创建圆心标记。

③ 直线：创建中心线。

④ 大小：设置中心标记和中心线的大小和粗细。

3."文字"选项卡

本选项卡用于设置文字的格式、位置和对齐，如图 3-70 所示。

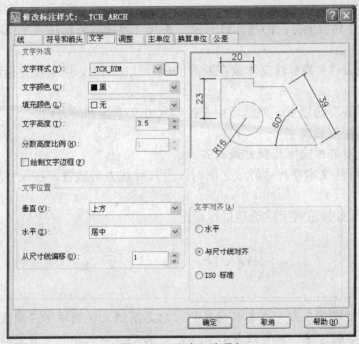

图 3-70　"文字"选项卡

各选项介绍如下。

（1）"文字外观"选项卡。此选项用于控制标注文字的格式和大小。

① 文字样式：显示和设置当前标注文字样式。可以从列表中选择一种样式，也可以单击□按钮，进行选择或创建新的文字样式。

② 文字颜色：设置标注文本的颜色。

③ 填充颜色：设置标注文本背景的颜色。

④ 文字高度：设置标注文本样式的高度。如果选用的文字样式中已设置了具体的字高（不是0），则此处的设置无效；如果文字样式中设置的字高为0，才以此处的设置为准。

⑤ 分数高度比例：确定标注文本的比例系数。

⑥ 绘制文字边框：如果选中此选项，将在标注文字周围绘制一个边框。

（2）"文字位置"选项卡。此选项用于控制标注文字的位置。

① 垂直：控制标注文字相对尺寸线的垂直方向的对齐方向。在下拉列表框中有以下四种。

a. 居中：将标注文本放在尺寸线的中间。

b. 上方：将标注文本放在尺寸线的上方。

c. 外部：将标注文本放在尺寸线上远离第一个定义点的一边。

d. JIS：使标注文本的放置符合 JIS（日本工业标准）。

② 水平：控制标注文字相对尺寸线和尺寸界线在水平方向的对齐方向。在下拉列表框中有以下五种。

a. 居中：将标注文字沿尺寸线放在两条尺寸界线的中间。

b. 第一条尺寸界线：沿尺寸线与第一条尺寸界线左对正。

c. 第二条尺寸界线：沿尺寸线与第二条尺寸界线右对正。

d. 第一条尺寸界线上方：沿尺寸线与第一条尺寸界线放置标注文字或将标注文字放在第一条尺寸界线之上。

e. 第二条尺寸界线上方：沿尺寸线与第二条尺寸界线放置标注文字或将标注文字放在第二条尺寸界线之上。

③ 从尺寸线偏移：当标注文本放在断开的尺寸线中间时，用来设置标注文本与尺寸线之间的距离。

（3）"文字对齐"选项卡。此选项用来控制尺寸文本排列的方向。

① 水平：水平放置文字。

② 与尺寸线对齐：文字与尺寸线对齐。

③ ISO：当标注文本在尺寸界线之间时，沿尺寸线方向放置。在尺寸界线之外时，沿水平方向放置。

读者可根据行业规范对上述选项进行设定。

第八节 文 字

图纸中的文字是用来表达各种信息的，它是图纸及说明中不可缺少的一部分。有多种输入文字的方法，既可以利用 AutoCAD 命令也可以使用天正软件来输入。使用天正的文字工具更加方便、快捷。本节将通过实例介绍使用天正建筑文字的输入与编辑。

输入文字前先确保天正状态栏的比例为 1:125，即 比例 1:125 ▼ 。

一、设置文字样式

文字样式即文字的高度、宽度、字体、样式名称等特征的集合。启动方式：

（1）单击菜单"文字表格"→"文字样式"；

（2）在命令行输入"WZYS"，按【回车】或【空格】键。

命令激活后，弹出"文字样式"对话框，如图 3-71 所示。

图 3-71 "文字样式"对话框

各选项介绍如下。

（1）样式名：显示当前文字样式名，可在下拉列表中切换其他已经定义的样式。

（2）新建、重命名和删除：分别用于新建文字样式，以及对当前所选的文字样式进行重命名或删除操作。

（3）宽高比：表示中文字宽与中文字高之比。

（4）中文字体：设置组成文字样式的中文字体。

（5）字宽方向：表示西文字宽与中文字宽的比。

（6）字高方向：表示西文字高与中文字高的比。

（7）西文字体：设置组成文字样式的西文字体。

（8）Windows 字体：使用 Windows 的系统字体 TTF，这些系统字体(如"宋体"等)包含有中文和英文，只须设置中文参数即可。

除了使用上述方法激活文字样式外，还可以通过 AutoCAD 的命令激活"文字样式"对话框。启动方法：

（1）单击菜单"格式"→"文字样式"；

（2）在命令行输入"Style"或"St"，按【回车】或【空格】键；

（3）单击样式工具栏中图标 A。

命令激活后，弹出"文字样式"对话框，如图 3-72(a) 所示。该对话框的参数与图 3-71 对话框的参数基本一致。部分参数说明如下。

（1）只要是选择相同的文字样式，无论是使用图 3-71 的对话框，还是使用图 3-72(a) 的对话框进行设置，设置效果是一样的。

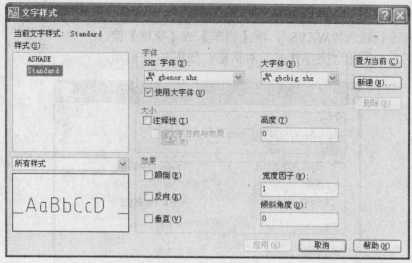

(a) "文字样式" 对话框

(b) 未勾选 "使用大字体"

图 3-72　通过 AutoCAD 命令设置文字样式

（2）对话框中的 "SHX 字体" 与图 3-71 "西文字体" 相对应；对话框中的 "大字体" 与图 3-71 "中文字体" 相对应。

（3）高度：设置文字高度。如果在 "高度" 文本框中输入一个数值，则它作为创建文字时的固定字高，使用 AutoCAD 的 Text 命令输入文字时，AutoCAD 不再提示输入字高参数；如果在此文本框中设置字高为 0，AutoCAD 则会在每一次创建文字时提示输入字高。所以，如果不想固定字高就可以将其设置为 0。

（4）仅在 "SHX 字体" 框中选择了 SHX 字体，但没有勾选 "使用大字体"，如图 3-72(b) 所示，则 AutoCAD 无法正确地显示出中文字体。

具体文字样式应根据相关规定执行，在此不做示例。

如果打开文件后，发现中文字体显示为问号或乱码，一般都是字体样式的问题。解决方法可参照本书附录 2。

二、文本标注

1. 单行文字

使用已经建立的天正文字样式，输入单行文字，可以方便地为文字设置上下标、加圆圈、添加特殊符号等。启动方式：

（1）单击天正菜单 "文字表格" → "单行文字"；

（2）在命令行输入 "DHWZ"，按【回车】或【空格】键；

（3）单击工具栏中图标 字。

命令激活后，弹出 "单行文字" 对话框，如图 3-73 所示。各选项介绍如下。

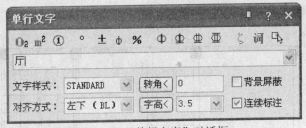

图 3-73　"单行文字"对话框

（1）文字输入区：输入需要的文字内容。

（2）文字样式：在下拉列表中选用已由 AutoCAD 或天正文字样式命令定义的文字样式。

（3）对齐方式：选择文字与基点的对齐方式。

（4）转角<：输入文字的转角。

（5）字高<：表示最终图纸打印的字高，而非在屏幕上测量出的字高数值，两者有一个绘图比例值的倍数关系。

（6）背景屏蔽：勾选后文字可以遮盖背景。

（7）连续标注：勾选后单行文字可以连续标注。

（8）特殊符号：点击特殊符号，在需要时插入。如果不想使用天正自带的特殊符号集，也可以在英文状态下键入相应的字母生成，如表 3-3 所示。

表 3-3　特殊符号

控制码	相应特殊字符及功能
%%O	打开或关闭文字上划线功能
%%U	打开或关闭文字下划线功能
%%D	标注符号"度"（°）
%%P	标注正负号（±）
%%C	标注直径(ϕ)

【例 3-14】　根据图 3-12，使用单行文字命令对图 3-65(c) 进行文字输入。

（1）激活命令，启动"单行文字"对话框。

（2）在"文字样式"中选择设定的文字样式。

（3）在文字输入区中输入文字"厅"，字高设置 3，其余选项默认。

（4）命令行提示："请点取插入位置<退出>:"点击图 3-65(c) 厅的任意位置。

（5）用同样的方法输入"房"、"卫生间"和"厨房"等文字。完成效果如图 3-74 所示。

2. 多行文字

使用已经建立的天正文字样式，按段落输入多行中文文字，可以方便设定页宽与硬回车位置，并随时拖动夹点改变页宽。

（1）单击天正菜单"文字表格"→"多行文字"；

（2）单击工具栏中图标字。

命令激活后，弹出"多行文字"对话框，如图 3-75 所示。后面操作与"单行文字"相同这里不再重复，其余各选项介绍如下。

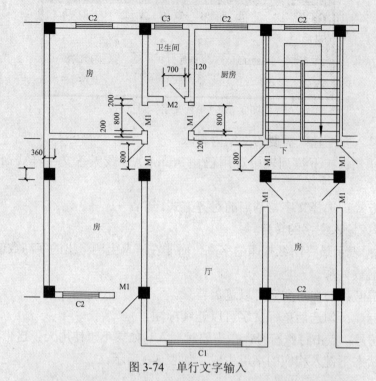

图 3-74　单行文字输入

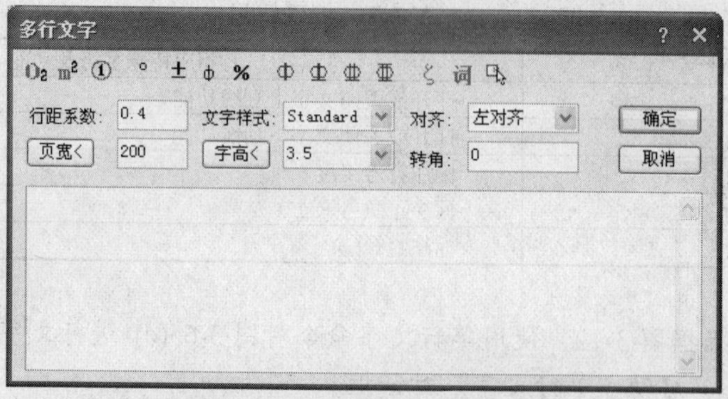

图 3-75　"多行文字"对话框

（1）行距系数：表示行间的净距，单位是文字高度。

（2）页宽<：输入文字的限制宽度。

（3）文字输入区：在其中输入多行文字。

【例 3-15】　根据图 3-12，使用多行文字命令输入说明文字。

（1）激活命令，启动"多行文字"对话框。

（2）在"文字样式"对话框中选择设定的文字样式。

（3）参照图 3-76 设置参数。

（4）命令行提示：请点取插入位置<退出>：点击右下角插入说明文字。

天正建筑的"文字表格"菜单下还有其他子菜单，由于与环境工程制图联系不大，这里不做讲述。

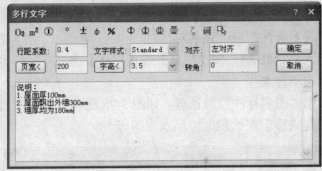

图 3-76 "多行文字"设置

三、文字编辑

使用天正建筑输入的文字，可以使用以下方法进行修改。

1. 双击文字修改

双击文字，即可在绘图区中修改文字，如图 3-77(a) 所示。

2. 右键快捷菜单

鼠标右键单击文字，出现如图 3-77(b) 所示快捷菜单。可以选用"对象编辑"或"在位编辑"对文字编辑。

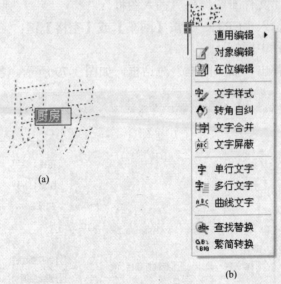

图 3-77 文字编辑

第九节　图名与图框

> 通过前面的介绍已经完成了图纸绘制与文本标注。本节将介绍图名标注与图框插入。

一、图名标注

使用该命令标出所绘图纸的图名，并且同时标注比例，比例变化时会自动调整其中文字的合理大小。启动方式：

    （1）单击菜单"符号标注"→"图名标注"；

    （2）在命令行输入"TMBZ"，按【回车】或【空格】键；

    （3）单击工具栏中图标 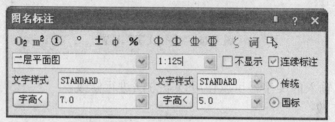。

    命令激活后，弹出"图名标注"对话框，如图 3-78 所示。在对话框中编辑好图名内容和比例，选择合适的样式后，在绘图区中插入图即可。

图 3-78 "图名标注"对话框

二、插入图框

当一个设计项目完成后，按照比例插入图框。天正建筑提供了这个功能。启动方式：

    （1）单击菜单"文件布图"→"插入图框"；

    （2）在命令行输入"CRTK"，按【回车】或【空格】键；

    （3）单击工具栏中图标 。

    命令激活后，弹出"插入图框"对话框，如图 3-79 所示。各参数说明如下。

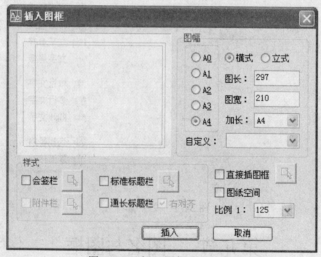

图 3-79 "插入图框"对话框

    （1）可在图幅栏中先选定所需的图幅格式是横式还是立式，然后选择图幅尺寸是 A4-A0 中的某个尺寸，需加长时从加长中选取相应的加长型图幅，如果是非标准尺寸，在图长和图宽栏内键入。

    （2）图纸空间下插入时勾选该项，模型空间下插入则选择出图比例，再确定是否需要标题栏、会签栏，是标准标题栏还是使用通长标题栏。

    （3）如果选择了通长标题栏，单击选择按钮后，进入图框库选择按水平图签还是竖置图签格式布置。

（4）如果还有附件栏要求插入，单击选择按钮后，进入图框库选择合适的附件，是插入院徽还是插入其他附件。

（5）确定所有选项后，单击插入，屏幕上出现一个可拖动的蓝色图框，移动光标拖动图框，看尺寸和位置是否合适，在合适位置取点插入图框，如果图幅尺寸或者方向不合适，右键回车返回对话框，重新选择参数。

设定好对话框的参数，命令行提示："请点取插入位置<返回>:"直接在视图中插入图框的位置，完成图纸的绘制。

习　　题

1. 天正建筑软件制图中轴网的主要作用是什么？解释"开间"和"进深"的含义。

2. 利用天正建筑软件绘制柱子应注意哪些问题？

3. 通过夹点可修改门窗的哪些参数？

4. 绘制建筑图 3-80。

5. 绘制建筑图 3-81。

6. 绘制建筑图 3-82。

7. 绘制建筑图 3-83。

8. 绘制建筑图 3-84。

9. 绘制建筑图 3-85。

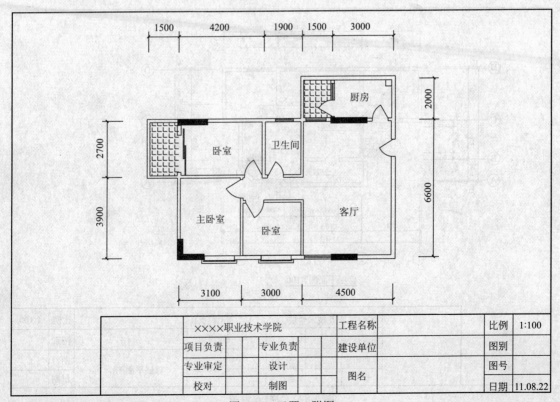

图 3-80　习题 4 附图

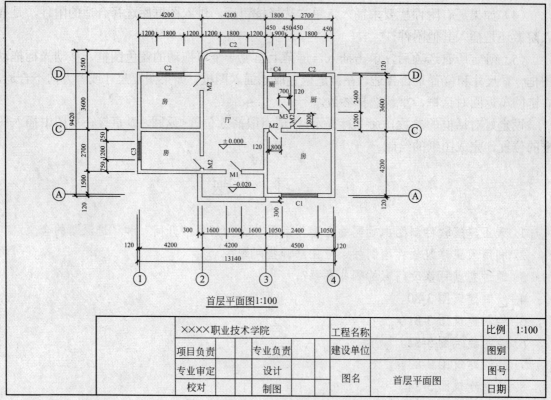

首层平面图1:100

××××职业技术学院		工程名称		比例	1:100
项目负责	专业负责	建设单位		图别	
专业审定	设计	图名	首层平面图	图号	
校对	制图			日期	

图 3-81　习题 5 附图

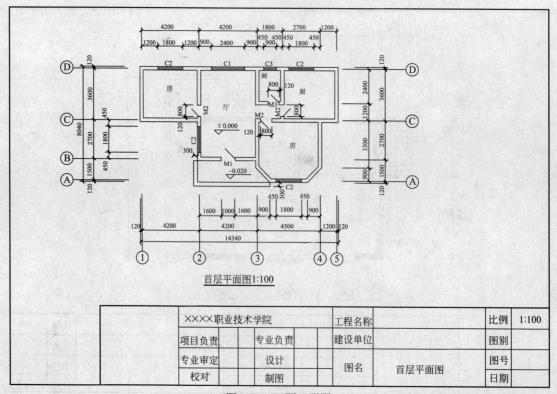

首层平面图1:100

××××职业技术学院		工程名称		比例	1:100
项目负责	专业负责	建设单位		图别	
专业审定	设计	图名	首层平面图	图号	
校对	制图			日期	

图 3-82　习题 6 附图

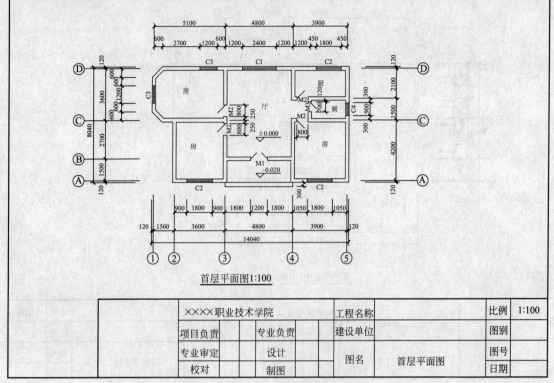

首层平面图1:100

××××职业技术学院		工程名称		比例	1:100
项目负责	专业负责	建设单位		图别	
专业审定	设计	图名	首层平面图	图号	
校对	制图			日期	

图 3-83　习题 7 附图

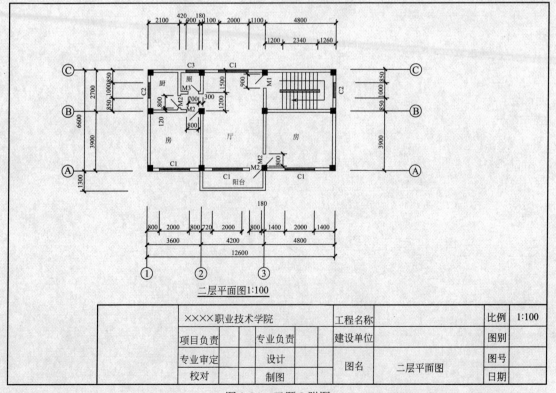

二层平面图1:100

××××职业技术学院		工程名称		比例	1:100
项目负责	专业负责	建设单位		图别	
专业审定	设计	图名	二层平面图	图号	
校对	制图			日期	

图 3-84　习题 8 附图

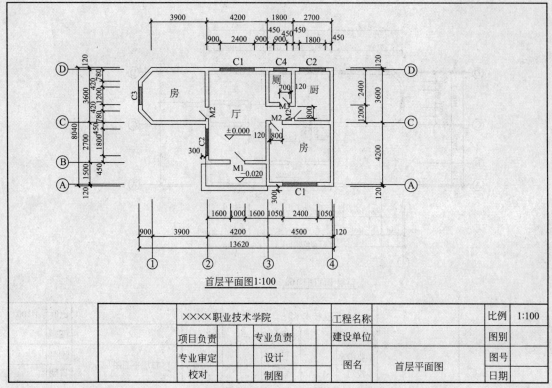

首层平面图1:100

××××职业技术学院		工程名称		比例	1:100
项目负责	专业负责	建设单位		图别	
专业审定	设计	图名	首层平面图	图号	
校对	制图			日期	

图 3-85 习题 9 附图

第四章 环境专业绘图

通过前面三章的学习，读者已经掌握了 AutoCAD 2008 软件和天正建筑软件的用法。本章将利用污水处理工艺图、旋风除尘器加工图和吸收塔设备加工图等作为例子，介绍如何综合应用 AutoCAD 和天正建筑软件绘制环境工程专业图纸。

第一节 平面布置图

本节通过污水处理的平面布置图，介绍综合应用天正建筑和 AutoCAD 软件进行轴线定位、绘制各构筑物、标注、文字输入、按比例套用图框等内容。

图 4-1 是污水处理的平面布置图。布置图是按工艺主项绘制的，当装置界区范围较大而其中需要布置的设备较多时，设备布置图可以分成若干个小区绘制。布置图包括设备外形、建筑物墙体、表格、楼梯等内容。布置图一般只绘制平面图，对于较复杂的装置或有多层建筑、构筑物的装置，平面图表示不清楚时，可绘制剖面图。

【绘图思路】 ①设定相应的图层；②使用天正建筑的"绘制轴网"命令定位构筑物尺寸；③绘制各个构筑物；④绘制楼梯；⑤尺寸标注；⑥文字表格；⑦指北针、图名、图框等。本图比例为 1:125，在天正比例设置的下拉列表设置相应的比例，即 比例 1:125 ▼。

一、设定相应的图层

本图中需要分图层的部分有 dote、构筑物轮廓实线部分、构筑物轮廓虚线部分、符号标注、楼梯和文字等。除了构筑物的内外轮廓线外，其余部分大多可使用天正默认的图层。新建两个图层，分别命名为"构筑物轮廓线 1"和"构筑物轮廓线 2"。"构筑物轮廓线 1"用于绘制构筑物实线部分。由于有一部分的墙体被挡住，需要用虚线绘制，所以建立"构筑物轮廓线 2"，线型选择虚线 Dash，其余设置自定。

二、构筑物的定位

根据图 4-1，利用天正建筑的"绘制轴网"命令定位构筑物大体尺寸。下开尺寸为 10750，8000，1200，3200，1250，1700，1700，3200；左进尺寸为 15000，2600，3200。为了防止出现错误，可先对轴线进行"两点标轴"。值得说明的是，本图纸不需要有轴号，所以当完成标轴后，删除轴号，仅留下尺寸，效果如图 4-2 所示。

三、绘制各个构筑物

1. 绘制墙体构筑物 1、8、9 和 10

构筑物的墙厚为 200mm。可以使用天正的绘制墙体命令绘制。但是由于有一部分的墙体被挡住，需要用虚线绘制，所以这里不推荐使用绘制墙体命令绘制墙体。可以使用直线

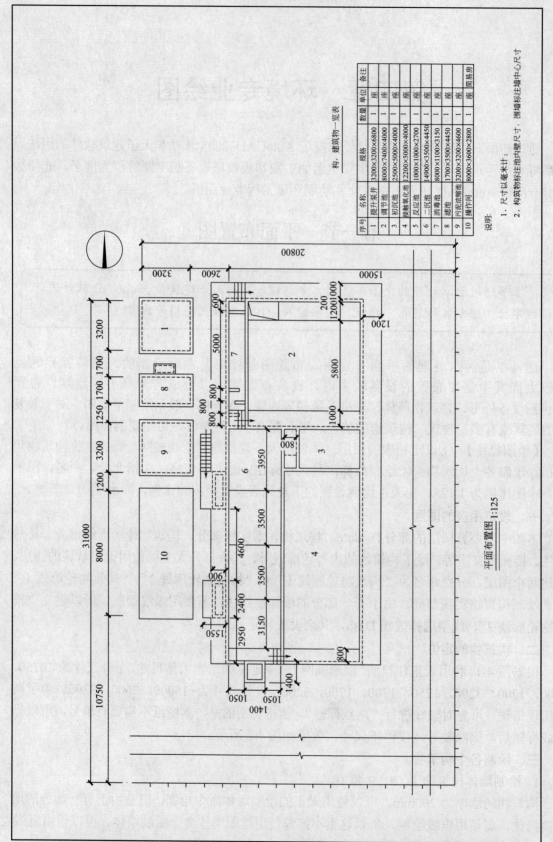

构、建筑物一览表

序号	名称	规格	数量	单位	备注
1	提升泵井	3200×3200×6800	1	座	
2	调节池	8000×7400×4000	1	座	
3	初沉池	2500×5000×4000	1	座	
4	接触氧化池	12200×5000×4000	1	座	
5	反应池	1000×1000×2700	1	座	
6	二沉池	14900×3500×4450	1	座	
7	消毒池	8000×1100×3150	1	座	
8	滤池	1700×3500×4450	1	座	
9	污泥浓缩池	3200×3200×4600	1	座	
10	操作间	8000×3600×2800	1	座	简易房

说明:
1. 尺寸以毫米计;
2. 构筑物标注池内壁尺寸;围墙标注墙中心尺寸

平面布置图 1:125

图 4-1　平面布置图

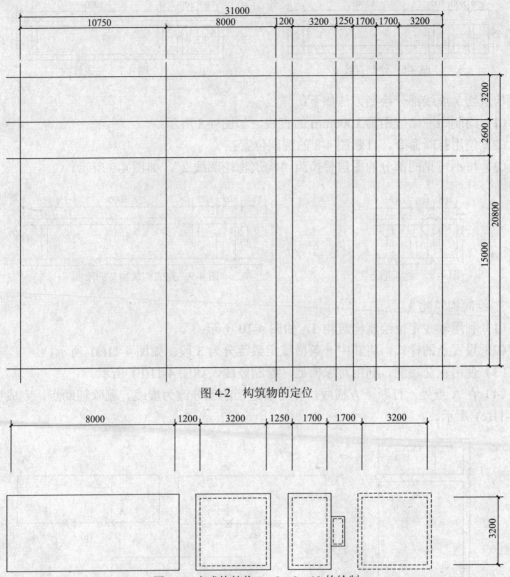

图 4-2　构筑物的定位

图 4-3　完成构筑物 1、8、9、10 的绘制

命令或矩形命令进行绘制，如图 4-3 所示，完成构筑物 1、8、9、10。

2．绘制墙体构筑物 7

如图 4-1 所示，绘制构筑物 7 的尺寸。将最右侧的轴线依次偏移 600、5000、800、800、800，效果如图 4-4 所示。依次绘制厚度为 200mm 的间隔，如图 4-5 所示。由于间隔长 700mm，因此绘制直线距上方 700mm，如图 4-6 所示。用修剪命令完成修剪，如图 4-7 所示。

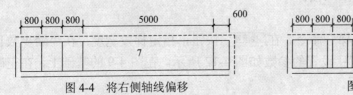

图 4-4　将右侧轴线偏移　　　　　　　图 4-5　绘制间隔

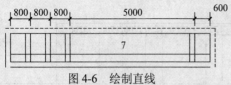

图 4-6 绘制直线

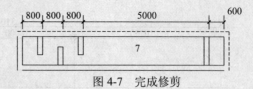

图 4-7 完成修剪

构筑物 7 虚线部分绘制方法如下：

（1）绘制距左墙线距离 1000mm 的直线，如图 4-8 所示；

（2）使用打断命令，打断图 4-8 的圆圈位置；

（3）将不可见的部分的图层替换为"构筑物轮廓线 2"，如图 4-9 所示。

图 4-8 绘制直线

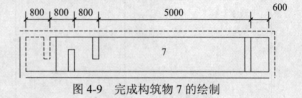

图 4-9 完成构筑物 7 的绘制

3. 绘制构筑物 3

（1）利用轴线定位绘制构筑物 3，如图 4-10 所示；

（2）设置点的样式，将其中一条横线定数等分为 3 段，如图 4-11(a) 所示；

（3）使用正交功能，利用对象捕捉，绘制竖线，如图 4-11(b) 所示。

（4）在 A 点处，打断下方横线，并将被遮挡的部分改为虚线，删除辅助点，完成后如图 4-11(c) 所示。

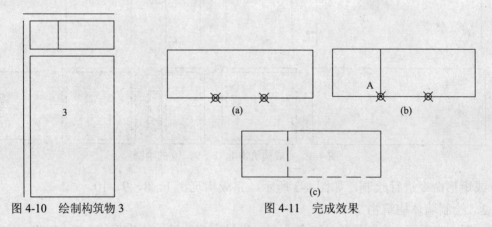

图 4-10 绘制构筑物 3   图 4-11 完成效果

按照上述要的方法，完成平面布置图的主体内容绘制。

四、绘制楼梯

以构筑物 7 的楼梯为例，插入楼梯。

1. 绘制直线楼梯

使用天正建筑的"直线楼梯"命令。在 梯段宽< 按钮，指定梯段宽度；在"踏步数目："栏键入踏步数；勾选"无剖断"；设置的参数如图 4-12 所示。在图 4-9 的基础上，在正确的位置放置楼梯，如图 4-13 所示。

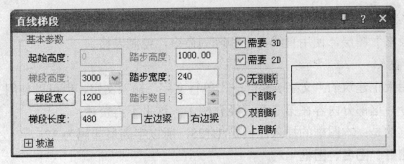

图 4-12　直线楼梯参数设置

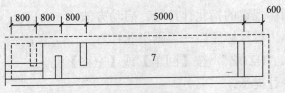

图 4-13　放置楼梯

2．绘制楼梯箭头

打开屏幕菜单的"符号标注"下的"箭头引注"，点击指定箭头的起点和终点，不输入文字，完成如图 4-14 所示。按照上述的方法，完成各楼梯的绘制。

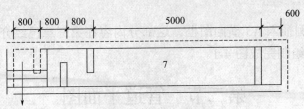

图 4-14　绘制楼梯箭头

五、尺寸标注

1．尺寸标注

使用天正建筑的逐点标注、快速标注等命令完成标注。

2．折断线

绘制折断线并可遮挡一侧指定范围的构件对象。使用天正建筑中的加折断线命令来实现。启动方法：

（1）单击天正菜单"符号标注"→"加折断线"；

（2）在命令行输入"JZDX"，按【回车】或【空格】键；

（3）单击工具栏中图标 。

命令启动后，命令行提示：

（1）"点取折断线起点或 [选多段线(S)]<退出>："点取折断线起点；

（2）"点取折断线终点或 [改折断数目，当前=1(N)]<退出>："点取折断线终点或者键入 N 修改折断数目；注意：折断数目为 0 时不显示折断线，可用于切割图形；本例中，N=1。

六、文字表格

根据图 4-1 完成文字表格的输入。

1. 表格绘制

新建"表格"图层，使用直线命令和阵列命令，绘制表格。

2．文字输入

可以使用天正建筑的"文字表格"→"单行文字"输入文字，也可以使用 AutoCAD 的文字输入命令。这部分内容在第三章已经介绍了，这里不再赘述。

值得注意的是：本图框的插入比例是 1:125，所以字高最起码为 375。

七、指北针、图名、图框

1. 指北针

在图上绘制一个国标规定的指北针符号。启动方法：

（1）单击天正菜单"符号标注"→"画指北针"；

（2）在命令行输入"HZBZ"，按【回车】或【空格】键。

命令启动后，命令行提示：

（1）"指北针位置<退出>:"点取指北针的插入点；

（2）"指北针方向<90.0>:"拖动光标或键入角度定义指北针方向，X 正向为 0。

2．图名

使用"符号标注"→"图名标注"标注图名。

3. 图框

按照 1:125 的比例插入 A3 横向图框。这部分内容在第三章已经介绍，这里不再赘述。

按照上面的描述绘制完成图 4-1。

第二节 管道平面图

> 本节通过污水处理的管道平面图，介绍线型的制作方法和引线标注的方法。

图 4-15 是污水处理的管道平面图。作用是表达建筑物和设备简单轮廓及管道的走向、管径、管件等。

【绘图思路】①根据设计需要将平面布置图（图 4-1）进行整理；②制作线型用于绘制管线；③引出标注管线。

一、图纸整理

根据图 4-15，对平面布置图进行整理。可以按照下面的步骤进行处理：

（1）删除指北针、表格、构筑物内部尺寸标注、文字说明等内容；

（2）构筑物 1 下方绘制格栅，如图 4-16 所示；

（3）天正比例设置的为 比例 1:125 ▼ 。

二、制作线型绘制管线

1. 制作带文字的线型

制作带文字的线型，用于绘制回用水管道、污水管道、加药管道、给水管道、污泥管、

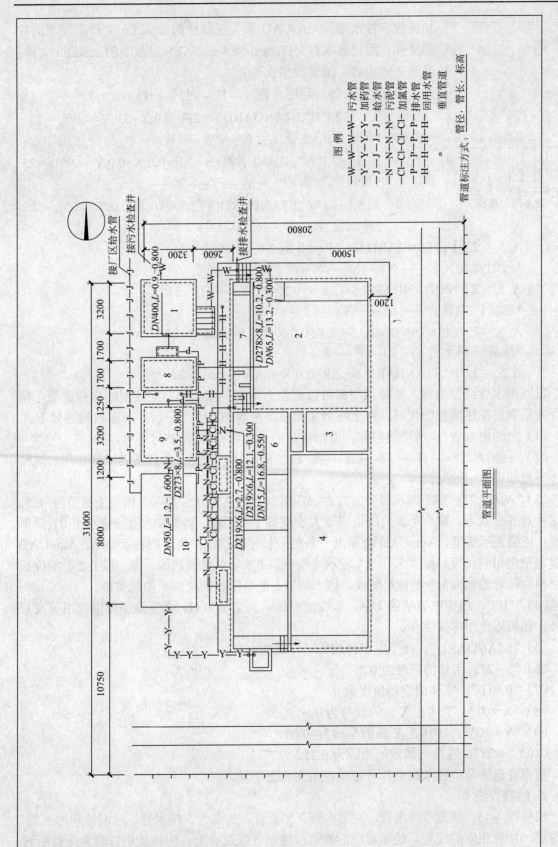

图 4-15 管道平面图

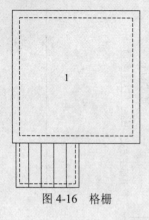

图 4-16　格栅

加氯管和排水管。AutoCAD 和天正软件的 acad.lin 文件是线型的管理文件。用记事本打开\Tangent\TArch8\SYS 目录下的 acad.lin 文件。参照下述内容，编辑线型文件。

　　"*回用水管，回用水管 ---- H ---- H ---- H ----

　　A,.5,−.2,["H",STANDARD,S=.2,R=0.0,X=0.0,Y=−.05], −.25
　　*污水管,污水管 ---- W ---- W ---- W ----

　　A,.5, −.2,["W",STANDARD,S=.2,R=0.0,X=0.0,Y=−.05], −.25
　　*加药管,加药管 ---- Y ---- Y ---- Y ----

　　A,.5, −.2,["Y",STANDARD,S=.2,R=0.0,X=0.0,Y=−.05], −.25
　　*给水管,给水管 ---- J ---- J ---- J ----

A,.5, −.2,["J",STANDARD,S=.2,R=0.0,X=0.0,Y=−.05], −.25
*污泥管,污泥管 ---- N ---- N ---- N ----

A,.5, −.2,["N",STANDARD,S=.2,R=0.0,X=0.0,Y=−.05], −.25
*加氯管,加氯管 ---- Cl ---- Cl ---- Cl ----

A,.5, −.2,["Cl",STANDARD,S=.2,R=0.0,X=0.0,Y=−.05], −.25
*排水管,排水管 ---- P ---- P ---- P ----

A,.5, −.2,["P",STANDARD,S=.2,R=0.0,X=0.0,Y=−.05], −.25"

以回用水管线型为例，每种线型都可以定位为两行，第一行定义线型的名称说明，第二行才是真正描述线型的代码。每个线型文件最多可容纳 280 个字符。各参数描述如下。

（1）"*回用水管"：线型的名称。值得注意的是：名称前面的*号不可以少。

（2）"回用水管 ---- H ---- H ---- H ----"：线型的描述。起到一个直观的注释作用，这种描述不能超过 47 个字符。

（3）"A,.5,−.2"："A" 表示对齐方式；".5" 相当于数值为 0.5；"−.2" 相当于数值为−0.2。在这种对齐方式下，第一个参数的值应该大于或等于 0，第二个参数的值应该小于 0。简单地说：正值表示落笔，AutoCAD 会画出一条相应长度的实线；负值则表示提笔，AutoCAD 会提笔空出相应长度。如 ".5, −.2" 表示绘制一条 0.5 个单位长的线，留一段 0.2 个单位长的空白，接着绘制 0.5 个单位长的线，留一段 0.2 个单位长的空白，如此类推。

（4）""H""：线型中显示的文字，本线型中显示的文字为 H。文字除了可以使用英文字体外，还可以使用中文字体。

（5）"STANDARD"：线型中字体的文字样式的名称。

（6）"S=.2"：字体的高度为 0.2。

（7）"R=0.0"：字体的旋转角度为 0。

（8）"X=0.0"：字体在 X 轴的位移为 0。

（9）"Y=−.05"：字体在 Y 轴的位移为−0.05。

（10）"−.25"：线段与线段的间隙为 0.25。

值得注意的是：各项标点符号必须在英文状态下输入。

2. 绘制管线

根据图 4-15，新建"给水管、回用水管、加氯管、加药管、排水管、污泥管和污水管"等图层，加载相应的线型，绘制对应的管道。遇到管线交叠处，应该使用打断命令打断管

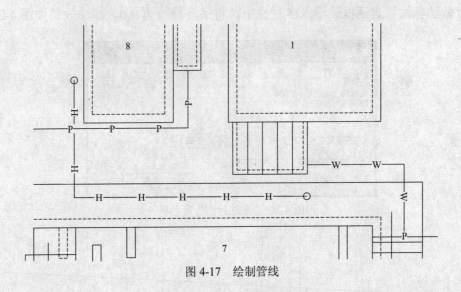

图 4-17　绘制管线

线，如图 4-17 所示。

　　使用直线命令，绘制管道。绘制管道时，应注意绘制横向直线的方向，绘制时应该从左向右绘制，否则直线上的文字会颠倒 180°。

三、引出标注管线

1. 箭头引注

　　使用天正建筑的"符号标注"→"箭头引注"输入文字，在"上标文字"栏里填上需要的文字或管径；字高 栏设定字高 3.5；"对齐方式"选择：齐线端；"箭头样式"选择：无。参数设置如图 4-18 所示，标注效果如图 4-19 所示。

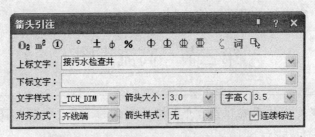

图 4-18　"箭头引注"对话框

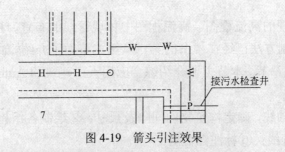

图 4-19　箭头引注效果

2. 做法标注

如果需要标注多个管径，使用天正建筑的"符号标注"→"作法标注"，出现如图 4-20 所示的"做法标注"对话框。输入多行文字，将字高修改为 3.0，标注效果如图 4-21 所示。

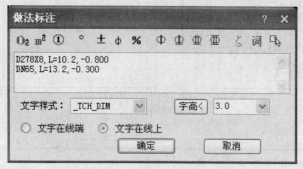

图 4-20　"做法标注"对话框

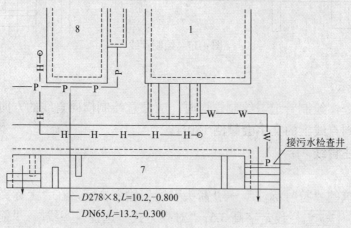

接污水检查井

$D278 \times 8, L=10.2, -0.800$

$DN65, L=13.2, -0.300$

图 4-21　做法标注效果

按照上述方法，完成管道平面图的绘制。

第三节　高流程图

> 本节通过污水处理的高流程图，介绍标高样式的设置、标注标高，并且灵活地运用标高，准确地定位进行绘图。

图 4-22 是污水处理的高流程图。高流程图中体现管线的布置、构筑物高度等内容。本图中的"反应池"的绘制方法已经在本书的第二章第二节做了介绍。如果单纯使用 AutoCAD 绘制的话，可以参照该章节。本节主要介绍综合应用天正建筑和 AutoCAD 软件完成绘制构筑物绘制的方法。

【绘图思路】①用轴线，确定构筑物的间隔及尺寸；②绘制各组构筑物；③标注及标高；④插入图块；⑤绘制管线；⑥标注图名等。

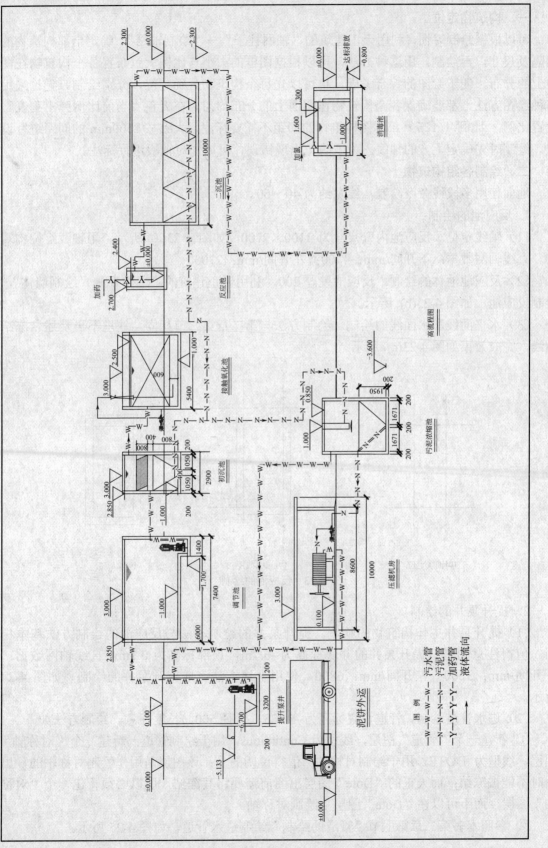

图 4-22　高流程图

一、构筑物定位

可以根据绘制习惯，利用天正建筑的"轴网柱子"→"绘制轴网"，确定全部构筑物的间隔及尺寸，再绘制。用这种方法，可以根据图框的大小与比例大致布置各个构筑物在图面上的分布，便于绘图的综合考虑。也可以先每个构筑物分别定位，分别绘制。无论采用何种绘图方法，都要确保各个构筑物在图面上的分布均匀。在天正"当前比例弹出列表"设置比例：比例 1:125 ▼。本图构筑物的间距不需要标注，大致按 2500mm 的间距进行设定。绘制时先确定上方的轴线。为了防止出现错误，可以先对轴线进行标注。

二、绘制各组构筑物

地面使用多段线命令绘制，线宽约为 40～60。

1. 反应池的绘制

（1）轴线定位。反应池内壁尺寸为 1100×2700。如图 4-23(a) 所示，用轴线定位构筑物。直线轴网数据：下开间/mm：1100；左开间/mm：2700。

（2）反应池池体的绘制。反应池壁厚 200，利用天正建筑的"墙体"→"绘制墙体"，绘制反应池，如图 4-23(b) 所示。

（3）水平面线和水面线的绘制。绘制方法与第二章第二节相同，这里不再赘述。冻结轴线，完成效果如图 4-23(c) 所示。

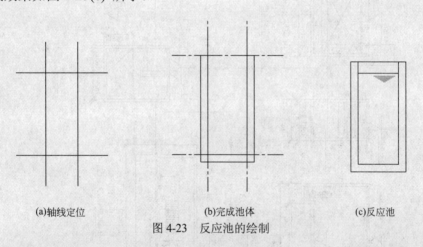

(a)轴线定位　　　　　　(b)完成池体　　　　　　(c)反应池

图 4-23　反应池的绘制

2. 提升泵井的绘制

（1）提升泵井主体构筑物的绘制。提升泵井的绘制方法与反应池的绘制方法基本相同。值得注意的是：提升泵井的井底标高为−6.7m，顶部标高为 0.1m。直线轴网数据：下开间/mm：3200；左开间/mm：6800。使用上述方法完成提升泵井的绘制，如图 4-24所示。

（2）进水管道绘制。管道管底标高为−5.133，管径 500，长度任意。绘制方法如下。

① 新建一个"管道"图层，线型为 Continuous，用于绘制管道；新建一个"对称轴"图层，线型为 DOTE，用于绘制对称轴。值得说明的是：该图层是用作绘制对称轴的，出图时不能被冻结；而天正的"Dote"图层出图前需要将其冻结，所以必须新建一个"对称轴"图层，而不可以在"Dote"图层上绘制对称轴。

② 参照本书第二章第七节"管道的绘制"绘制进水管道，如图 4-25 所示。

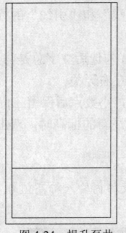
图 4-24 提升泵井

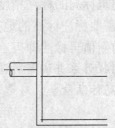
图 4-25 绘制进水管道

根据上述描述，完成调节池、初沉池、接触氧化池、二沉池、压滤机房、污泥浓缩池和消毒池等构筑物的绘制。

三、插入图框

按照 1:125 比例插入图框。

四、标注及标高

1. 标高标注

天正建筑 8 的标高标注在界面中分为两个页面，分别用于建筑专业的平面图标高标注、立剖面图楼面标高标注以及总图专业的地坪标高标注、绝对标高和相对标高的关联标注。标高文字新增了夹点，需要时可以拖动夹点移动标高文字。

（1）标高标注。对构筑物及主要部件进行标高。启动方法：

① 单击天正菜单"符号标注"→"标高标注"；

② 在命令行输入"BZBG"，按【回车】或【空格】键；

③ 单击工具栏中图标 。

命令激活后，弹出"标高标注"对话框，如图 4-26 所示。

图 4-26 "标高标注"对话框

为了能更好地运用该对话框，各选项说明如下。

① 手工输入：默认不勾选"手工输入"复选框，自动取光标所在的 Y 坐标作为标高数值，勾选"手工输入"复选框，要求在表格内输入楼层标高。

② 页面有五个可按下的图标按钮："实心三角"除了用于总图也用于沉降点标高标注，

其他几个按钮可以同时起作用，例如可注写带有"基线"和"引线"的标高符号。此时命令提示点取基线端点，也提示点取引线位置。

③ 文字齐线端：复选框用于规定标高文字的取向，勾选后文字总是与文字基线端对齐；去除勾选表示文字与标高三角符号一端对齐，与符号左右无关。

④ 精度：建筑标高的标注精度自动切换为 0.000，小数点后保留三位小数。

接下来，在需要标注标高的地方单击。当需要标注新的标高时，双击对话框中之前输入的 0.000，改为新值再标注即可。

【例 4-1】 对提升泵井进行标高。

（1）激活标高标注命令，勾选"手工输入"，在表格内输入标高值 0，如图 4-27 所示，标注地坪线；

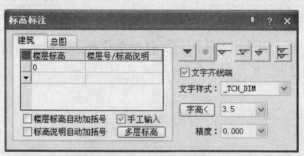

图 4-27 "标高标注"对话框

（2）不勾选"手工输入"，点击井顶部和井底部，自动标注这两处的标高；

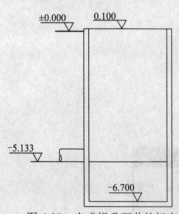

图 4-28 完成提升泵井的标高

（3）选择"带基线"的标高符号，对管底进行标高，完成如图 4-28 所示。

按照上述方法对调节池、初沉池、接触氧化池、反应池和二沉池等构筑物进行标高。需要对压滤机房、污泥浓缩池和消毒池等构筑物进行标高时，请先重新选取地坪线，设定 ±0.000 的位置，再进行标高。

（2）动态标注

单击天正菜单"符号标注"→"动态标注（或"静态标注"）。激活"动态标注"后，在移动或复制后根据当前位置坐标自动更新；在右栏填入说明文字，此标高成为注释性标高符号，不能动态更新，如图 4-29 所示。

2. 尺寸标注

除去使用"两点标轴"所标注的尺寸外，使用"尺寸标注"→"逐点标注"，对构筑物进行标注，如图 4-30 所示。具体的标注方法已经在第三章进行介绍，这里不做赘述。

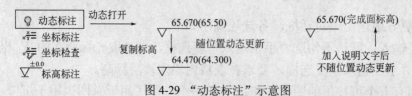

图 4-29 "动态标注"示意图

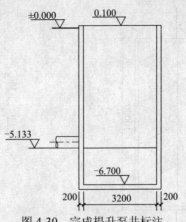

图4-30　完成提升泵井标注

根据上述方法，完成构筑物的标注和标高，如图4-31所示。

五、插入图块

图4-22中的货车、水泵等设备，不需要绘制，可以通过插入图块来实现，减少绘图难度。启动方法：

（1）单击天正菜单"图块图案"→"通用图库"；

（2）在命令行输入"TYTK"，按【回车】或【空格】键。

命令激活后，弹出"天正图库管理系统"对话框，如图4-32所示。

1. 调用天正图块

"货车"的图块可以在天正图库中直接调用。如图4-32在图库中找到"货车"的图块。在"图块编辑"对话框中（图 4-33），输入合适的比例，点击 │　应用　│ ，在地坪线上插入货车图块。

2. 使用自定义图块

碰到一些天正图库中没有的图块，可以自行加载插入，如本节中的"水泵"图块等。这些图块可以通过网络下载，也可以加载天正给排水或天正暖通中的图块。图块文件的后缀名为"TKW"或"TK"。方法如下。

（1）点击"天正图库管理系统"对话框的□按钮，出现如图4-34所示的对话框。

（2）选择相应的图块文件，插入。加载后，效果如图4-35所示。

（3）选择合适的图例，设置适当的比例插入图块。

六、绘制管线

根据图4-22，绘制加药管、污泥管和污水管等的管线。

1. 创建图层

新建"加药管、污泥管和污水管"等图层。将本章第二节所创建的线型加载，其他参数自定，如图4-36所示。

2. 管线绘制

根据设计，使用相应的图层绘制对应的管线。遇到管线交叠处，应该使用打断命令打断管线。

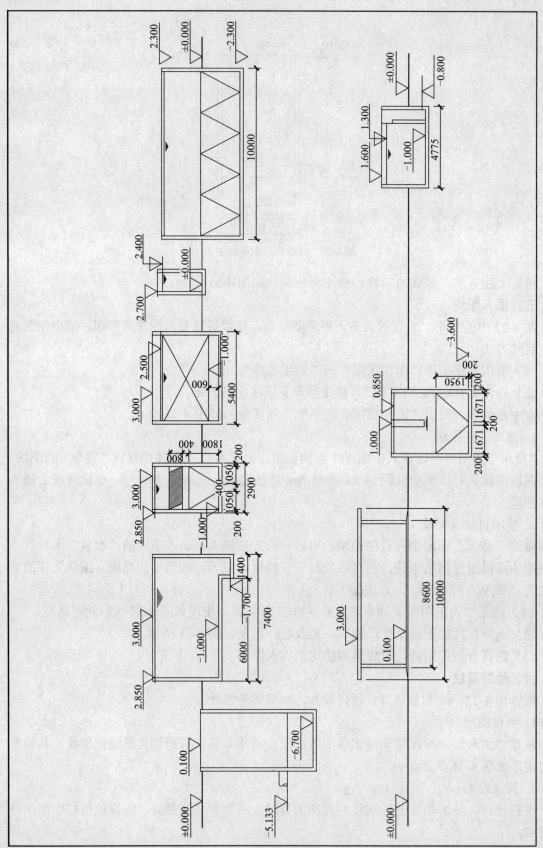

图 4-31 完成构筑物的绘制及标注标高

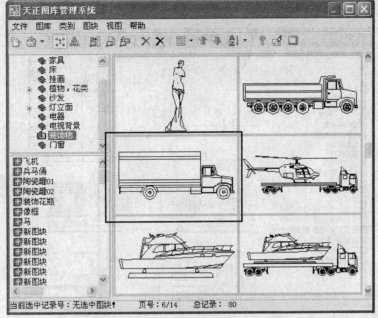

图 4-32　"天正图库管理系统"对话框

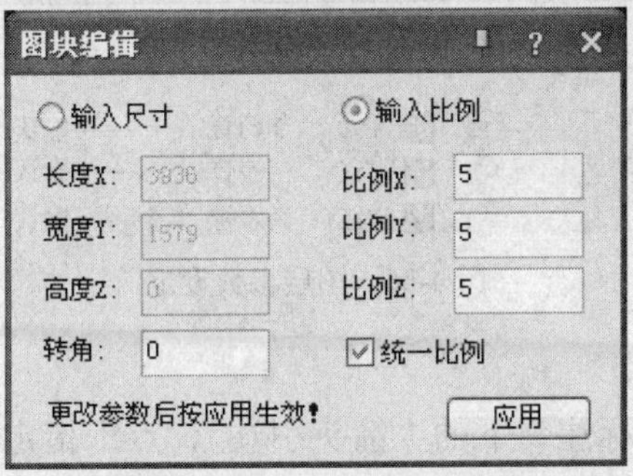

图 4-33　"图块编辑"对话框

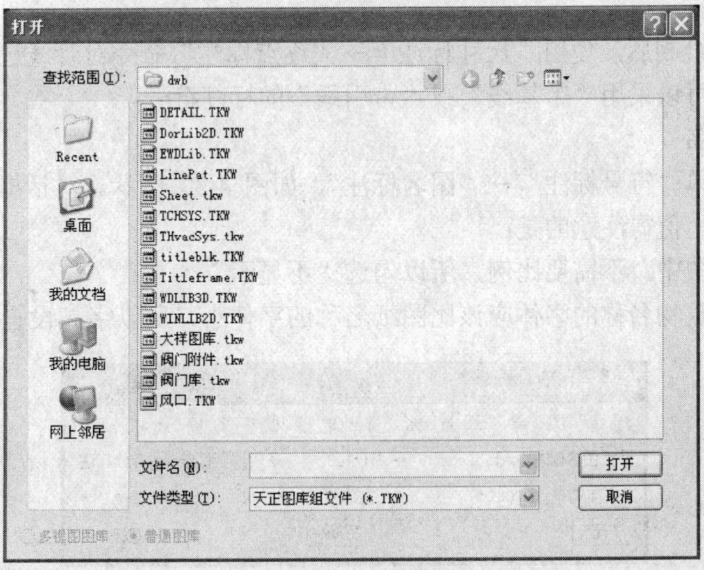

图 4-34　图库选择

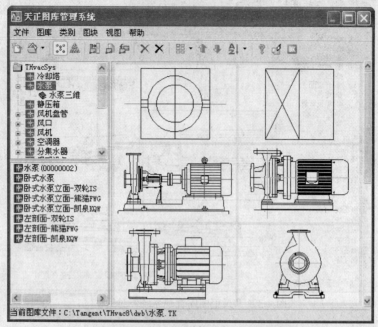

图 4-35　加载相应的图例

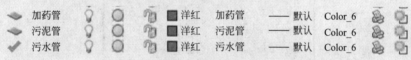

图 4-36　图层参数设定

3．液体流向符号

打开屏幕菜单的"符号标注"下的"箭头引注"，点击指定箭头的起点和终点，不输入文字，完成箭头的绘制。

4．管线标高

完成管线的绘制后，使用"尺寸标注"→"逐点标注"命令对管线进行标高。碰到位置不够的情况，可以采用"带基线"或"带引线"的标高符号。

七、标注图名

使用天正菜单"符号标注"→"图名标注"，如图 4-37 所示。对话框中输入构筑物的名称和图纸名称。值得注意的是：

（1）高流程图中，不需要比例，所以勾选"不显示"；

（2）表示构筑物名称的字体应该比图纸名称的字体小，所以字高设置上应有所区别。

图 4-37　"图名标注"对话框

第四节　提升泵井平面图与剖面图

> 本节通过提升泵井平面图与剖面图，综合应用 AutoCAD 软件和天正建筑软件。

前面已经介绍了污水处理的平面图、管道平面图和高流程图。前面的三种图纸都是反映污水处理的整体内容。单个构筑物的平面图与剖面图是为了清楚表达构筑物的结构。平面图和剖面图是相互配合的不可缺少的图样，各自有自身要表达的设计内容。平面图是用一假想水平剖切平面构筑物，移去剖切平面以上的部分，将下面部分作正投影所得到的水平剖面图。剖面图是用假想的铅锤切面将房屋剖开后所得的立面视图，主要表达垂直方向高程和高度设计内容。剖面图还表达了构筑物在垂直方向上的各部分的形状和组合关系构筑物剖面位置的结构形式和构造方法。图 4-38 是提升泵井的平面图与剖面图。绘制时，可根据图幅初定图框的大小与比例，在天正比例设置的下拉列表设置相应的比例。

一、平面图

【绘图思路】　①设置图层，绘制构筑物外形；②绘制管道；③局部剖面；④绘制设备；⑤剖面号；⑥插入指北针；⑦标注与标高。

1. 绘制构筑物外形

（1）图层设置。本图中需要的图层有：dote(轴线)、wall(墙体)、pub_dim (标注)、对称轴、管道、设备、填充等。除了 dote、wall、pub_dim 等图层由天正软件自定义外，其余图层先进行设定。对称轴图层线型选择 Dote，其余线型选择 Continuous，其他参数设置自定。

（2）轴线定位。利用轴线，将整个构筑物外观的尺寸定出。

（3）构筑物外形。根据图 4-38 绘制构筑物的平面图，如图 4-39 所示。

2. 绘制管道

将"对称轴"图层置为当前层，绘制管道的对称轴。提升泵的对称轴定位应根据设计而定。

（1）管道绘制。将"管道"图层置为当前层，绘制各组管道，如图 4-40 所示。

（2）三通绘制

① 使用圆角命令绘制圆角。设置选择"模式=修剪，半径= 0"，如图 4-41(a) 所示；

② 使用修剪命令修剪管道，如图 4-41(b) 所示。

3. 局部剖面

将"Wall"图层置为当前层。使用样条曲线命令绘制局部剖断线，再使用修剪和延伸命令对构筑物进行编辑，如图 4-42 所示。

4. 绘制设备

将"设备"图层置为当前层。

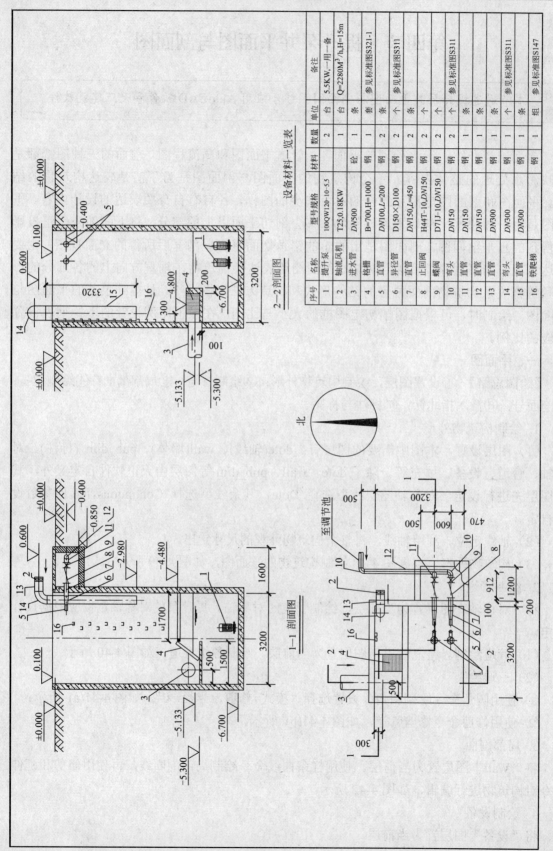

设备材料一览表

序号	名称	型号规格	材料	数量	单位	备注
1	提升泵	100QW120-10-5.5		2	台	5.5KW，一用一备
2	轴流风机	T25,0.18KW		1	台	Q=2280M³/h,H=15m
3	进水管	DN500	砼	1	条	
4	格栅	B=700,H=1000	钢	1	套	参见标准图S321-1
5	直管	DN100,L=200	钢	2	条	
6	异径管	D150×D100	钢	2	个	参见标准图S311
7	直管	DN150,L=450	钢	2	条	
8	止回阀	H44T-10,DN150	钢	2	个	
9	蝶阀	D71J-10,DN150	钢	2	个	参见标准图S311
10	弯头	DN150	钢	2	个	
11	直管	DN150	钢	1	条	
12	直管	DN150	钢	1	条	
13	直管	DN300	钢	1	条	参见标准图S311
14	弯头	DN300	钢	1	个	参见标准图S311
15	直管	DN300	钢	1	条	参见标准图S147
16	铁爬梯		钢	1	组	

图 4-38 提升泵井平面图与剖面图

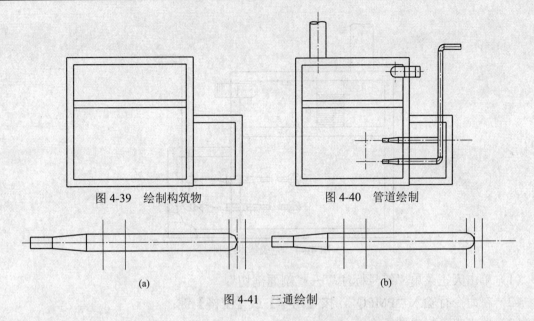

图 4-39　绘制构筑物　　　　　　　　图 4-40　管道绘制

图 4-41　三通绘制

（1）格栅。使用直线命令绘制直线，用阵列命令阵列该直线，完成格栅绘制。值得注意的是：平面图中格栅的直线数量与"2—2 剖面图"中格栅的直线数量一致。

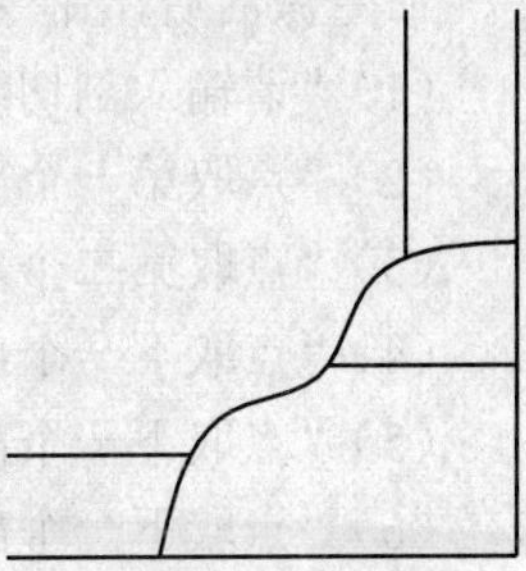

（2）铁梯。使用直线命令绘制铁梯。值得注意的是：尺寸和间距要根据 1—1 剖面图和 2—2 剖面图的铁梯尺寸和间距来绘制。

（3）止回阀和蝶阀。使用直线命令绘制止回阀和蝶阀，如图 4-43(a) 所示。使用修剪命令修剪管道，如图 4-43(b) 所示。

图 4-42　局部剖面

（4）提升泵。根据对称轴定位先绘制表示提升泵位置的圆，再绘制与圆内接的三角形。根据图 4-38 绘制剩余管线，如图 4-44 所示。

5. 剖面号

剖面号使用天正菜单"符号标注"→"剖面剖切"用于标注剖切符号，同时为剖面图的生成提供了依据。剖面剖切命令用于在图中标注国际规定的断面剖切符号，用于定义编号的剖面图，表示剖切断面上的构件以及从该处沿视线方向可见的建筑部件，生成剖面中要依赖此符号定义剖面方向。该命令允许标注多级阶梯剖。命令启动方法：

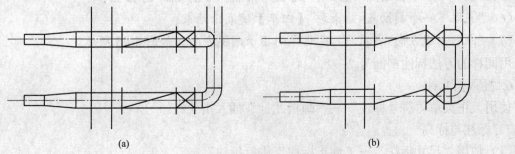

图 4-43　绘制止回阀和蝶阀

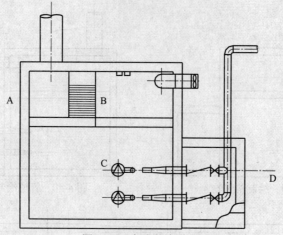

图 4-44　完成基本绘制

（1）单击天正菜单"符号标注"→"剖面剖切"；

（2）在命令行输入"PMPQ"，按【回车】或【空格】键；

（3）单击工具栏中图标 ⊕。

命令激活后，命令行提示：

（1）"请输入剖切编号<1>:"键入编号后回车；

（2）"点取第一个剖切点<退出>:"给出第一点；

（3）"点取第二个剖切点<退出>:"沿剖线给出第二点；

（4）"点取下一个剖切点<结束>:"沿剖线给出第三点；

（5）"点取下一个剖切点<结束>:"给出结束点；

（6）"点取下一个剖切点<结束>:"回车表示结束；

（7）"点取剖视方向<当前>:"指示剖视方向。

标注完成后，拖动不同夹点即可改变剖面符号的位置以及改变剖切方向，双击可以修改剖切编号。

【例 4-2】　根据图 4-38 标注剖面号 1—1。

（1）激活两点标轴命令，"请输入剖切编号<1>:"1，【回车】；

（2）"点取第一个剖切点<退出>:"点取图 4-44 的 A 点位置；

（3）"点取第二个剖切点<退出>:"沿剖线点取图 4-44 的 B 点位置；

（4）"点取下一个剖切点<结束>:"沿剖线点取图 4-44 的 C 点位置；

（5）"点取下一个剖切点<结束>:"给出结束点，如图 4-44 的 D 点；

（6）"点取下一个剖切点<结束>:"【回车】键表示结束；

（7）"点取剖视方向<当前>:"往北方向指示剖视方向，如图 4-45 所示。

用同样的方法标注剖面号 2—2。

6. 插入指北针

使用天正菜单"符号标注"→"画指北针"插入指北针。

7. 标注与标高

（1）使用"尺寸标注"→"逐点标注"进行标注；

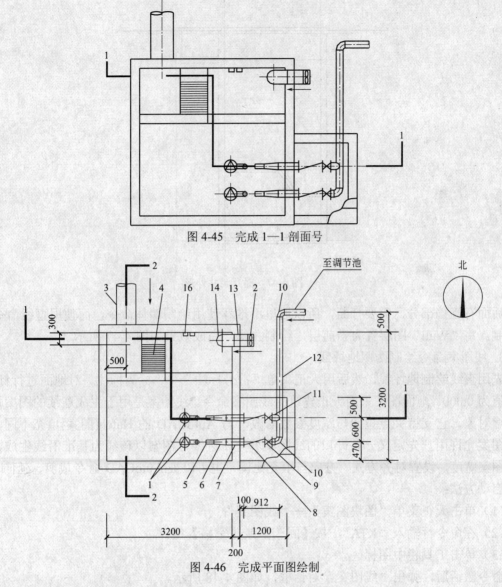

图 4-45　完成 1—1 剖面号

图 4-46　完成平面图绘制

（2）使用"符号标注"→"箭头引注"标注引号；

（3）使用"符号标注"→"箭头引注"绘制引线，如图4-46所示。

二、1—1剖面图

【绘图思路】　①轴线定位；②绘制构筑物外形；③绘制两侧地坪线；④绘制对称轴；⑤标注标高；⑥绘制管道；⑦绘制铁梯；⑧完成后续标注与标高；⑨填充构筑物；⑩完成表格绘制、图名标注等。

1. 轴线定位

根据前面所示，提升泵井的尺寸为 3200mm×3200mm×6800mm。因此，直线轴网数据：下开间/mm：3200、1600；左开间/mm：6700、100。

2. 构筑物外形

构筑物壁厚为200mm，顶盖厚100mm。绘制井壁可以使用天正的绘制墙体命令。但是

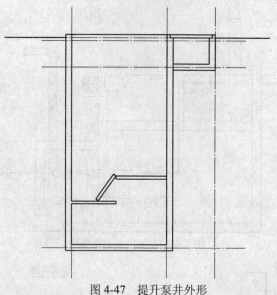

图 4-47　提升泵井外形

由于后面有遮挡部分，需要打断，所以这里不推荐使用绘制墙体命令，而使用直线命令进行绘制。将"Wall"图层置为当前层，绘制井体，完成效果如图 4-47 所示。

　　3. 线图案命令绘制两侧地坪线

　　先用直线绘制地坪线，然后用天正菜单"符号标注"→"标高标注"对地面进行标高，标高值为 0.000。地面图案采用天正建筑的线图案命令。线图案是用于生成连续的图案填充的新增对象，它支持夹点拉伸与宽度参数修改，与 AutoCAD 的 Hatch(图案)填充不同，天正线图案允许用户先定义一条开口的线图案填充轨迹线，图案以该线为基准沿线生成，可调整图案宽度、设置对齐方式、方向与填充比例，也可以被 AutoCAD 命令裁剪、延伸、打断。启动方法：

　　（1）单击天正菜单"图块图案"→"线图案"；

　　（2）在命令行输入"XTA"，按【回车】或【空格】键；

　　（3）单击工具栏中图标 [IMG]。

　　命令激活后，弹出"线图案"对话框，如图 4-48 所示。

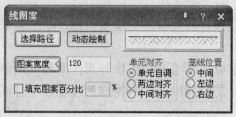

图 4-48　"线图案"对话框

对话框各选项说明如下。

　　（1）在对话框定义好路径和图案样式、图案参数后，单击 动态绘制 按钮，光标移到绘图区即可绘制线图案，命令提示：

　　①"起点<退出>:"给出线图案路径的起点；

②"直段下一点或 [弧段(A)/回退(U)/翻转(F)]<结束>:"取点或键入选项绘制线图案路径，同时动态观察图案尺寸、基线等是否合理；

③"直段下一点或 [弧段(A)/回退(U)/翻转(F)]<结束>:"……

④"直段下一点或 [弧段(A)/回退(U)/翻转(F)]<结束>:"回车结束绘制。

（2）在对话框定义好路径和图案样式、图案参数后，单击 选择路径 按钮，光标移到绘图区选择已有路径，命令提示：

①"请选择作为路径的曲线(线/圆/弧/多段线)<退出>:" 选择作为线图案路径的曲线，随即显示图案作为预览；

②"是否确定?[是(Y)/否(N)]<Y>:"观察预览回车确认，或者键入 N 返回上一个提示，重新选择路径或修改参数。

（3） 点击激活线图案图库；

（4）基线位置选择：设定线图案在基线的位置。

【例 4-3】 绘制两侧地坪线。

（1）激活线图案命令，激活线图案的图库，在图库中选择"素土夯实"；

（2）在 图案宽度 框中填写宽度 300mm，设定好基线的位置；

（3）单击 选择路径 按钮，选择两侧地坪线，完成如图 4-49 所示。

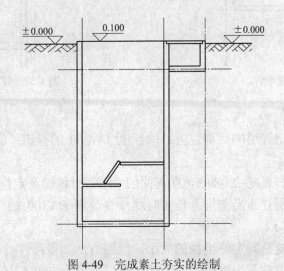

图 4-49　完成素土夯实的绘制

4. 绘制对称轴及定位线

因为用作定位的轴线图层，在出图时不能冻结，所以不可以使用天正的"Dote"图层。将"对称轴"图层置为当前层，绘制对称轴及定位线。

5. 标注标高

对已绘制的部分进行标高，确保绘制的准确性，如图 4-50 所示。

6. 绘制管道及标注管道

（1）绘制进水管道。进水管道尺寸为 $DN500$，将"管道"图层置为当前层，使用圆命令绘制。如图 4-51 所示。

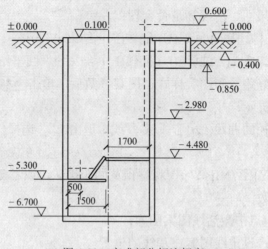

图 4-50　完成部分标注标高

图 4-51　进水管

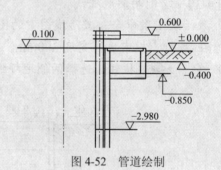

图 4-52　管道绘制

（2）弯管绘制

【绘图思路】①确定管道的底部位置；②绘制 $DN300$ 的管道；③绘制弯头；④绘制轴流风机。

1）确定管道的底部高度−2.980m，在前面的"绘制对称轴及定位线"已经确定好位置。

2）将"管道"图层置为当前层，使用直线命令绘制 $DN300$ 的管道（图 4-38 中的 13 号管道），如图 4-52 所示。

3）弯头绘制的关键是确定好半径的大小，绘图方法如下：

① 弯头的半径简单估算为管径的 1.5 倍，所以半径为 $300 \times 1.5 = 450mm$。使用圆角命令绘制，如图 4-53(a) 所示；

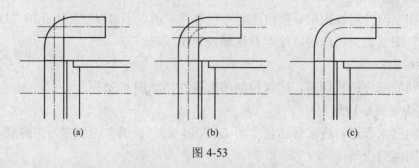

(a)　　　　　　　　　(b)　　　　　　　　　(c)

图 4-53

② 将外径的圆弧进行偏移，如图 4-53(b) 所示；

③ 修剪直线，完成如图 4-53(c) 所示。

4）将"设备"图层置为当前层，轴流风机的绘制可以绘制一个椭圆 [图 4-54(a)]，然后用镜像命令完成另外一个椭圆 [图 4-54(b)]，完成如图 4-54(c)。

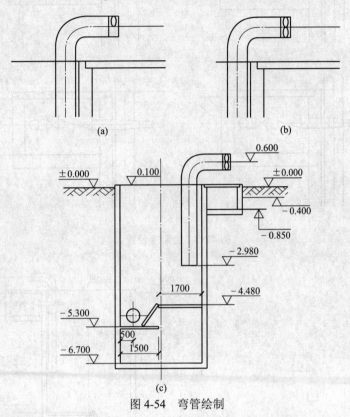

图 4-54 弯管绘制

（3）变径管等绘制

【绘图思路】①确定管道的对称轴位置；②绘制管道；③绘制阀门；④绘制管道。

1）确定管道的对称轴高度−0.400m。

2）将"管道"图层置为当前层，使用直线等命令分别绘制 $DN100$、$DN150$ 的管道和 $D150 \times D100$ 的异径管（图 4-38 中的 5、6、7 号管道），长度参照图 4-38 的"设备材料一览表"，绘制如图 4-55(a) 所示。

3）将"设备"图层置为当前层，使用直线等命令绘制阀门，如图 4-55(b) 所示。

4）将"管道"图层置为当前层，使用直线和圆等命令绘制 $DN150$ 的管道（图 4-38 中的 11、12 号管道），长度参照图 4-38 的设备材料一览表，绘制如图 4-55(c) 所示。

5）修剪 14 号管道，如图 4-55(d) 所示。

7. 绘制铁梯

（1）将"设备"图层置为当前层，用直线命令绘制两级铁梯，如图 4-56(a) 所示；

（2）用阵列命令阵列楼梯梯级，如图 4-56(b) 所示。

8. 后续标注与标高

（1）使用"符号标注"→"标高标注"标注剩余的标高；

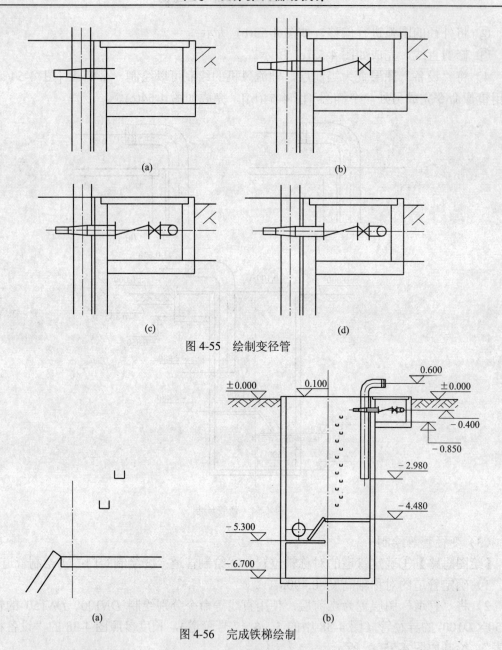

图 4-55 绘制变径管

图 4-56 完成铁梯绘制

（2）使用"尺寸标注"→"逐点标注"进行标注；

（3）使用"符号标注"→"箭头引注"标注引号；

（4）使用"符号标注"→"箭头引注"绘制引线。

9. 填充构筑物

对构筑物进行填充。填充前，先将 Dote、标注、标高和对称轴等图层冻结。将"Wall"图层置为当前层。

（1）激活填充命令，选择图案"ANSI31"，比例 50，进行填充，如图 4-57 所示。

（2）在"填充图案选项板"中的"其他预定义"页中选择"钢筋混凝土"图案，比例 50，进行填充，如图 4-58 所示。

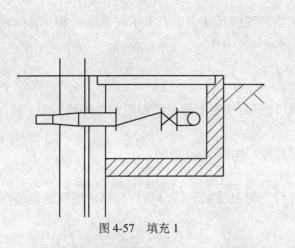

图 4-57　填充 1

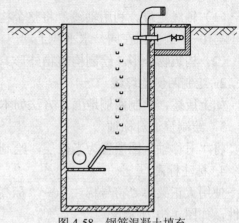

图 4-58　钢筋混凝土填充

（3）中间填充部分同样选择"钢筋混凝土"图案，比例设定为 10，解冻冻结的图层。

10．插入水泵图块，图名标注

（1）插入水泵图块

根据本章第三节所述，插入水泵图块。

（2）图名标注

使用天正菜单"符号标注"→"图名标注"，输入文字"1—1 剖面图"，字高为 3.5，完成如图 4-59。

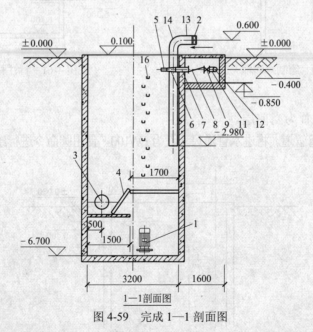

图 4-59　完成 1—1 剖面图

三、2—2剖面图

【绘图思路】①绘制构筑物外形；②绘制两侧地坪线；③绘制对称轴；④标注标高；⑤绘制管道；⑥绘制格栅；⑦完成后续标注与标高；⑧填充构筑物；⑨插入图块、图名标注等。

1. 绘制构筑物外形

（1）轴线定位。利用轴线，将整个构筑物外观的尺寸定出。为了使图纸美观，将位置定于与 1—1 剖面图在同一水平线上。

（2）构筑物外形。绘制构筑物外形。

2. 绘制两侧地坪线

如上所述，绘制两侧地面。方法如本节"（三）线图案命令绘制两侧地坪线"。

3. 绘制管道对称轴

将"对称轴"图层置为当前层，绘制对称轴，如图 4-60 所示。

4. 标注标高

使用天正菜单"符号标注"→"标高标注"对已绘制的部分进行标高，确保绘制的准确性，如图 4-61 所示。

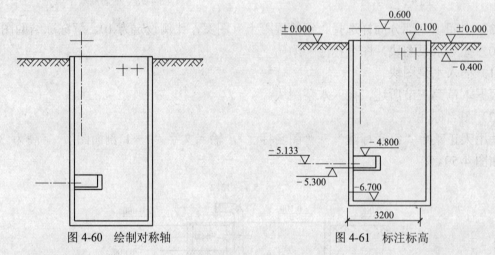

图 4-60　绘制对称轴　　　　　　　　　图 4-61　标注标高

5. 绘制管道。

将"管道"图层置为当前层。

（1）绘制 5 号直管管道。将进水管道尺寸设为 DN100，使用圆命令进行绘制，如图 4-62 所示。

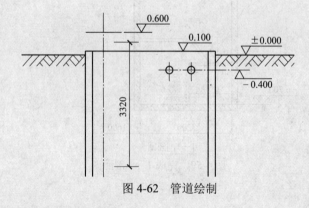

图 4-62　管道绘制

（2）绘制 15 号直管管道和 14 号弯管

① 使用直线命令绘制 15 号直管。

② 使用圆角命令绘制 14 号弯管，如图 4-63 所示。

（3）绘制 3 号直管管道。参照本章第二节"管道平面图"的"（二）提升泵井的绘制"绘制 3 号直管管道，并修建泵井墙体，如图 4-64 所示。

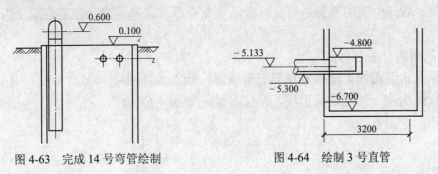

图 4-63 完成 14 号弯管绘制　　图 4-64 绘制 3 号直管

6. 绘制格栅

将"设备"图层置为当前层。使用直线命令绘制直线，用阵列命令阵列该直线，完成格栅绘制，如图 4-65 所示。用同样的方法完成铁梯绘制。值得注意的是：铁梯的尺寸和间距要和"1—1 剖面图"相同。

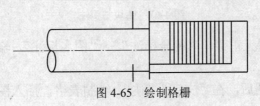

图 4-65 绘制格栅

7. 完成后续标注与标高

① 使用"符号标注"→"标高标注"标注剩余的标高；

② 使用"尺寸标注"→"逐点标注"进行标注；

③ 使用"符号标注"→"箭头引注"标注引号；

④ 使用"符号标注"→"箭头引注"绘制引线，绘制如图 4-66。

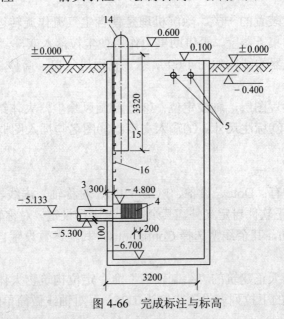

图 4-66 完成标注与标高

8. 填充构筑物

对构筑物进行填充。填充前，先将 Dote、PUB_DIM、DIM_ELEV(标高)和对称轴等图层冻结。将"Wall"图层置为当前层。激活填充命令，选择图案"钢筋混凝土"，比例 50，进行填充。

9. 插入图块、图名标注

（1）插入水泵图块。根据本章第三节所述，插入水泵图块。

（2）标注引注。使用箭头引注，标注水泵，如图 4-67 所示。

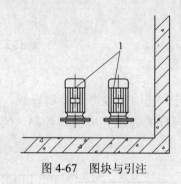

图 4-67　图块与引注

（3）图名标注。使用天正菜单"符号标注"→"图名标注"，输入文字"2—2 剖面图"，字高为 3.5。

完成平面图和剖面图后，在"文字"图层上绘制表格，插入图框，完成图纸的绘制。

第五节　旋风除尘器加工图

> 本节通过旋风除尘器加工图，介绍平面图和剖面图的绘制方法。

旋风除尘器是除尘装置的一类。除沉机理是使含尘气流作旋转运动，借助于离心力降尘粒从气流中分离并捕集于器壁，再借助重力作用使尘粒落入灰斗。图 4-68 是旋风除尘器加工图。普通旋风除尘器的结构如图 4-69 所示。它由进气口、筒体、锥体、排出管、集尘斗 5 部分组成。

【绘图思路】　①设置图层，轴线定位；②绘制旋风除尘器大体结构；③绘制进气口；④绘制支架；⑤详图；⑥标注尺寸；⑦输入文字；⑧图名与插入图框等。

一、构筑物的定位

1. 图层设置

本图中需要的图层有：Dote、设备、PUB_DIM、对称轴、虚线、文字等。除 Dote 和 PUB_DIM 等图层由天正软件自定义外，其余图层先进行设定。对称轴图层线型选择 Dote，虚线图层线型选择 Dash，其余线型选择 Continuous，其他参数设置自定。

2. 轴线定位

根据图 4-68，利用天正建筑的"绘制轴网"命令定位构筑物大体尺寸，效果如图 4-70 所示。在天正比例设置的下拉列表设置比例为 1:25。再对轴线做简单的标注以便准确绘制。

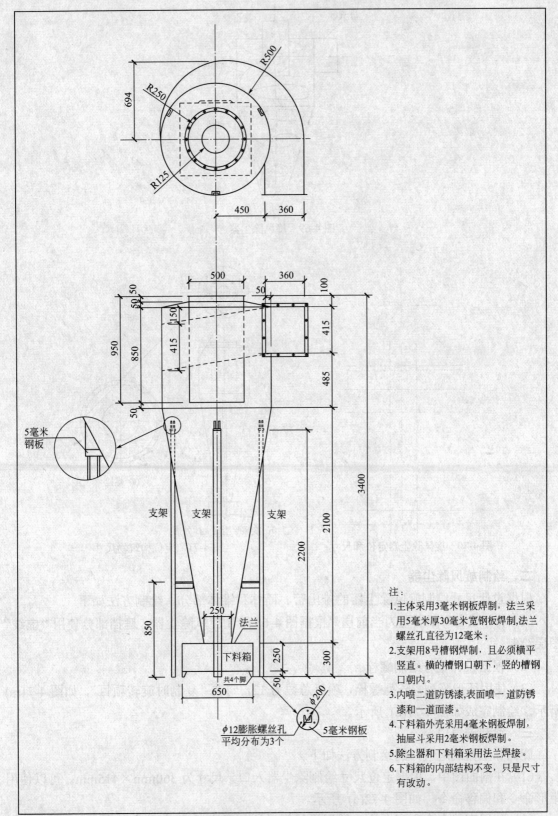

注：
1. 主体采用3毫米钢板焊制，法兰采用5毫米厚30毫米宽钢板焊制,法兰螺丝孔直径为12毫米；
2. 支架用8号槽钢焊制，且必须横平竖直。横的槽钢口朝下，竖的槽钢口朝内。
3. 内喷二道防锈漆,表面喷一道防锈漆和一道面漆。
4. 下料箱外壳采用4毫米钢板焊制，抽屉斗采用2毫米钢板焊制。
5. 除尘器和下料箱采用法兰焊接。
6. 下料箱的内部结构不变，只是尺寸有改动。

图 4-68　旋风除尘器加工图

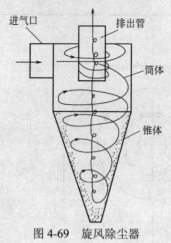

图 4-69 旋风除尘器

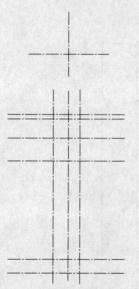

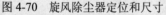

图 4-70 旋风除尘器定位和尺寸

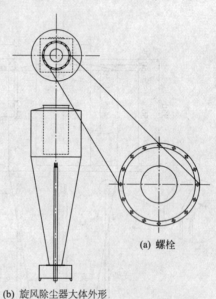

(a) 螺栓

(b) 旋风除尘器大体外形

图 4-71 定位构筑物尺寸

二、绘制旋风除尘器

根据设计尺寸绘制旋风除尘器的排出管、筒体和锥体部分。绘制方法如下。

（1）将"设备"图层置为当前层。根据图 4-68 绘制旋风除尘器。遮挡部分使用"虚线"图层绘制。

（2）根据设计型号绘制螺栓。

（3）使用环形阵列，阵列螺栓，项目总数为 12，勾选"复制时旋转项目"，如图 4-71(a) 所示，绘制完成如图 4-71(b) 所示。

三、绘制进气口

旋风除尘器的进气口的绘制方法如下。

（1）在剖面图中，根据定位尺寸绘制除尘器入口，尺寸为 360mm×415mm。可以使用矩形命令和偏移命令，如图 4-72(a) 所示。

（2）使用直线命令和圆命令，根据设计型号绘制螺栓。

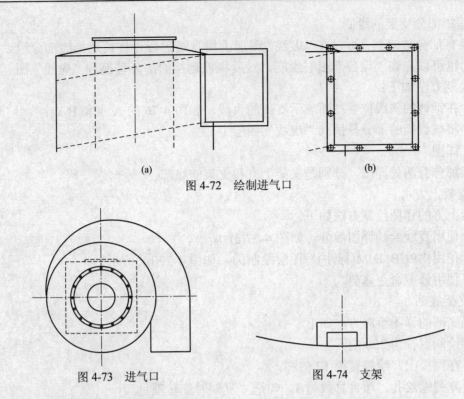

(a)　　　　　　　　　　　　　　　(b)

图 4-72　绘制进气口

图 4-73　进气口　　　　　　　　图 4-74　支架

（3）使用复制命令均布螺栓，如图 4-72(b) 所示。

（4）根据设计尺寸，俯视图的进气口使用圆命令和修建命令绘制，如图 4-73 所示。

四、绘制支架

支架的绘制将俯视图与剖面图同时绘制。绘制方法如下。

1．支架剖面

使用直线命令，在圆上绘制支架，如图 4-74 所示。

2．俯视图三组支架

使用环形阵列命令阵列支架。项目总数为 3，勾选"复制时旋转项目"。

3．剖面图支架

剖面图的支架应根据俯视图进行绘制。如图 4-75 利用点划线来定位支架的位置。支架长 2200mm，使用直线命令进行绘制。

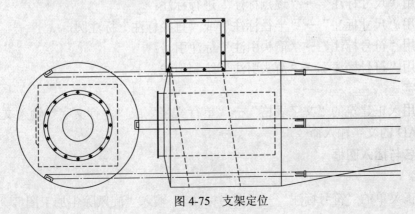

图 4-75　支架定位

4. 遮挡部分支架的绘制

　　支架有部分被遮挡，可以在"虚线"图层上用直线等命令将被遮挡的部分绘制出来。也可以先在"设备"图层绘制，然后将被遮挡的部分替换到"虚线"图层上。绘制方法如下：

（1）在锥体的斜线位置打断表示支架的直线，如图 4-76 的 A 点和 B 点；

（2）将被遮挡的部分替换到"虚线"图层上。

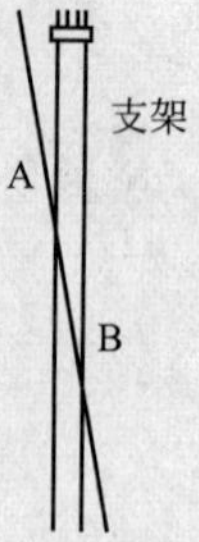

五、详图

　　支架部分有两处详图，分别是支架上方和支架的底部。

1. 支架上方

支架上方的详图绘制方法如下。

（1）使用直线绘制详图部分，如图 4-77(a) 所示。

（2）使用 "PUB_DIM(标注)" 图层绘制圆，如图 4-77(b) 所示。

（3）使用修剪命令修剪。

2. 支架底部

支架底部的详图绘制方法如下。

（1）绘制直径为 200 的圆。

（2）在钢板上，绘制直径 12 的圆。

（3）阵列螺丝孔，项目总数为 3，勾选"复制时旋转项目"。

（4）使用直线命令绘制槽钢，完成如图 4-78。

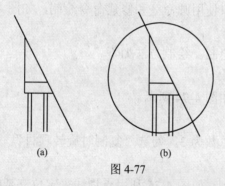

(a)　　　　　　　(b)

图 4-77

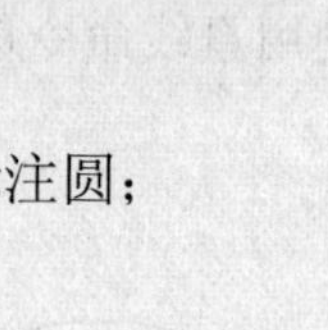

图 4-78

六、尺寸标注

（1）使用"尺寸标注"→"逐点标注"进行标注；

（2）使用"尺寸标注"→"半径标注"或"直径标注"标注圆；

（3）使用"符号标注"→"箭头引注"标注引号；

（4）使用"符号标注"→"箭头引注"绘制引线。

七、文字

　　可以使用天正建筑的"文字表格"→"单行文字"或"多行文字"输入文字，也可以使用 AutoCAD 的文字输入命令。

八、图名与插入图框

1. 图名

使用天正菜单的"符号标注"→"图名标注"，输入"旋风除尘加工图"。

2. 图框

按照 1:25 的比例插入 A4 竖向图框。

第六节　吸收塔设备加工图

在环境工程设计图中，往往要通过局部放大图来说明一些细节的部分。本节通过吸收塔设备加工图，介绍局部放大图的绘制方法。

图 4-79 是吸收塔设备加工图。吸收塔是实现吸收操作的设备。按气液相接触形态分为三类。第一类是气体以气泡形态分散在液相中的板式塔、鼓泡吸收塔、搅拌鼓泡吸收塔；第二类是液体以液滴状分散在气相中的喷射器、文氏管、喷雾塔；第三类为液体以膜状运动与气相进行接触的填料吸收塔和降膜吸收塔。塔内气液两相的流动方式可以逆流也可并流。通常采用逆流操作，吸收剂以塔顶加入自上而下流动，与从下向上流动的气体接触，吸收了吸收质的液体从塔底排出，净化后的气体从塔顶排出。

本章前面介绍的平面图、俯视图和剖面图均是全局性的图纸，由于比例的限制，不可能将一些复杂的细部或局部都表示清楚，因此需要将这些细部、局部的构造、材料及相互关系采用较大的比例详细绘制出来。这样的图形称为详图或局部放大图。局部放大图绘制的一般步骤如下。

（1）图形轮廓的绘制：包括断面轮廓和看线（本节例图没有看线）。

（2）材料图例填充：包括各种材料图例选用和填充。

（3）符号、尺寸、文字等标注：包括设计深度要求的轴线及编号、标高、索引、折断符号和尺寸、说明文字等。

先运用前面章节介绍的方法，综合应用天正建筑和 AutoCAD 软件，将吸收塔的主视图、俯视和格栅板详图绘制出来。往往一些细节的部分无法通过上述的图纸表达清晰，这时候需要通过局部放大图来将细节部分说明。下面以"局部放大图 1"为例，着重介绍局部放大图的绘制方法。因为"局部放大图 1"是"A—A 剖面图"中某处的局部放大，所以先绘制 A—A 剖面图。

一、A—A剖面图

（1）运用前面章节介绍的方法绘制"A—A 剖面图"。

（2）使用样条曲线命令绘制轮廓线，并调整好样条曲线，截图如图 4-80 所示。

（3）完成尺寸标注、引出标注与图名标注。

二、局部放大图1

1. 按照实际尺寸绘制设备

局部放大图的比例与整张图纸的比例是不相同的。绘制时先按照实际尺寸 1:1 的比例进行绘制。这里可以将"A—A 剖面图"复制一次用作局部放大图的绘制。

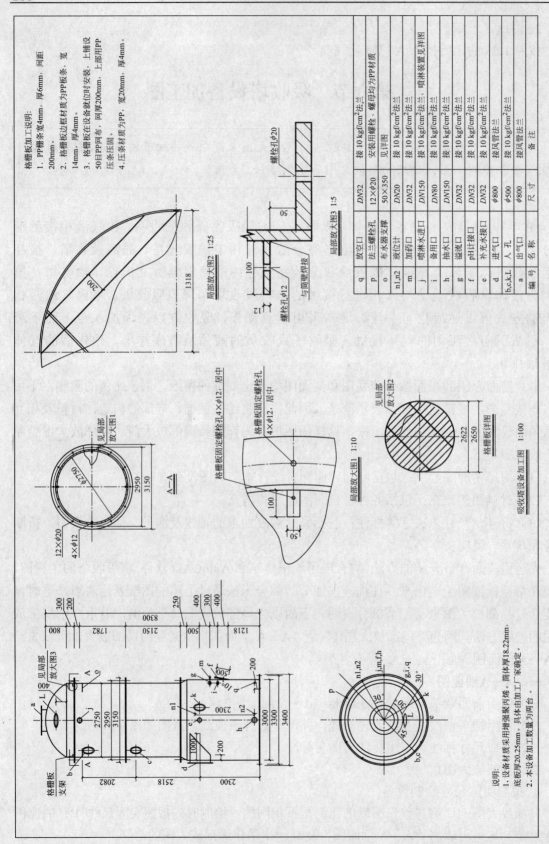

图 4-79 吸收塔设备加工图

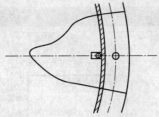

图 4-80　A—A 剖面图(截图)

2. 修剪

使用修剪命令进行修剪。以轮廓线为修剪的边，选择轮廓线外的部分修剪。

3. 绘制内部结构

根据设计及图 4-79 将内部设备绘制出来，如螺栓孔等。值得注意的是：这些内部结构均应按照实际尺寸 1:1 的比例进行绘制。

4. 尺寸与文字标注

完成绘制后，应对相应的部件进行标注。值得注意的是：由于局部放大图的比例为 1:10，所以在标注前先要在天正比例设置的下拉列表设置相应的比例，即 **比例 1:10 ▼**。然后使用"尺寸标注"→"逐点标注"进行标注；使用"符号标注"→"箭头引注"引注文字。

5. 创建图块

全局的比例为 1:100，而"局部放大图 1"的比例为 1:10。"局部放大图 1"按照 1:1 的比例绘制完成后，应放大 10 倍。如果对"局部放大图 1"进行放大的话，则尺寸标注的数值也会随之而变化，无法表示正确的尺寸数值。解决的方法是将"局部放大图 1"做成图块，再放大 10 倍，这样做并不会影响尺寸的数值。

（1）选择"局部放大图 1"图元，创建名为"局部放大图 1"的图块，如图 4-81 所示。

（2）选择"局部放大图 1"图块插入，指定统一比例"10"。如图 4-82 所示。

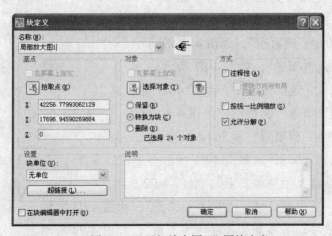

图 4-81　"局部放大图 1"图块定义

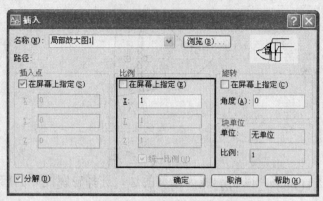

图 4-82 "插入"图块对话框

三、文字

可以使用天正建筑的"文字表格"→"单行文字"输入文字，也可以使用 AutoCAD 的文字输入命令输入文字。

四、图名与插入图框

1. 图名

使用天正菜单的"符号标注"→"图名标注"，输入图名。

2. 图框

按照 1:100 的比例插入 A4 横向图框。

本节主要介绍了绘制详图的一种方法，还可以使用视口命令来实现详图。可参见本书第五章第一节《多比例布图》。

习　　题

1. 绘制"平面布置图"，如图 4-83 所示。

2. 绘制"管道平面布置图"，如图 4-84 所示。

3. 绘制"高流程图"，如图 4-85 所示。

4. 绘制"1.500m 平剖面图"，如图 4-86 所示。

5. 绘制"二沉池剖面图"，如图 4-87 所示。

6. 绘制"接触氧化池"剖面图，如图 4-88 所示。

7. 绘制"污泥浓缩池"剖面图，如图 4-89 所示。

8. 绘制"调节池"剖面图，如图 4-90 所示。

9. 绘制"调风阀加工图"，如图 4-91 所示。

10. 绘制"除沫器及附件加工图"，如图 4-92 所示。

11. 绘制"碱、氧化剂贮槽（立式）加工图"，如图 4-93 所示。

12. 绘制"吸收塔设备塔节 2 及附件加工图"，如图 4-94 所示。

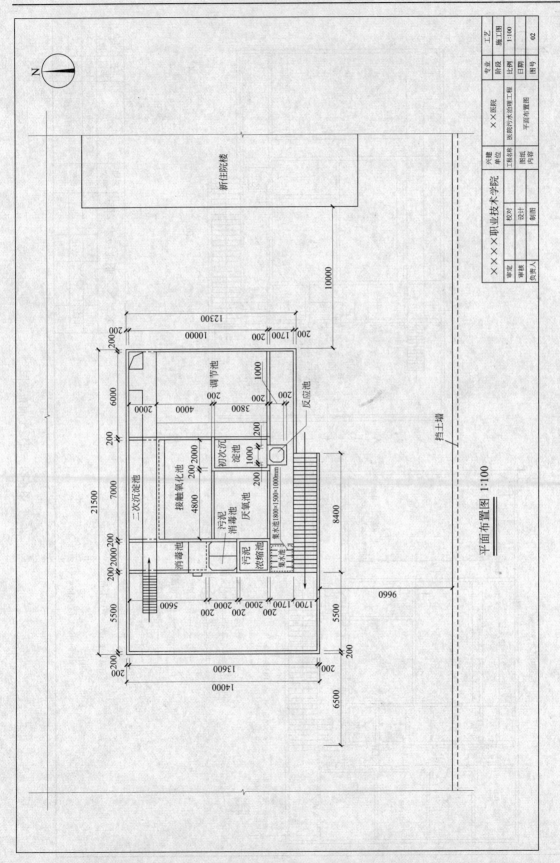

平面布置图 1:100

图 4-83　平面布置图

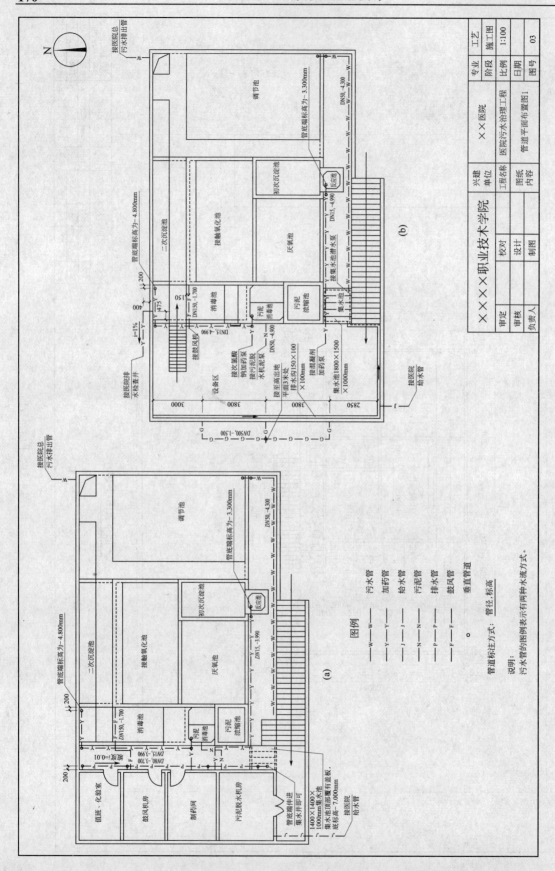

图 4-84　管道平面布置图

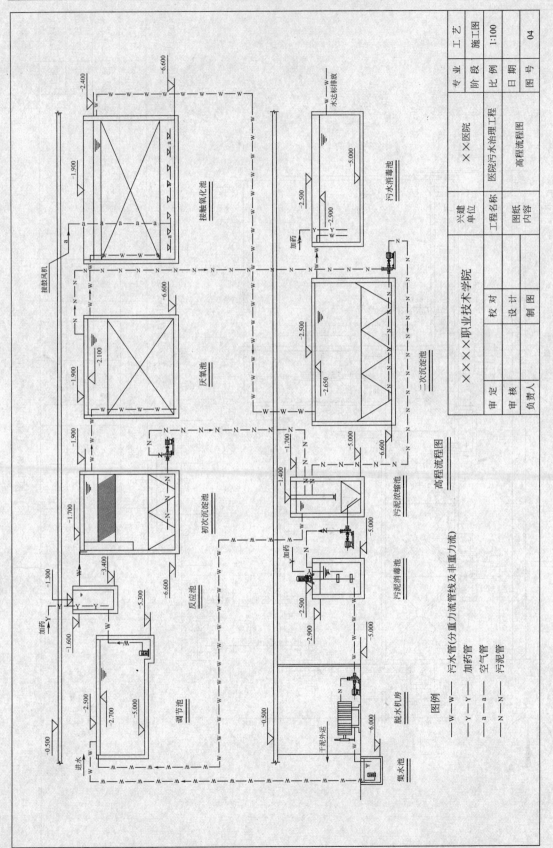

图 4-85　高流程图

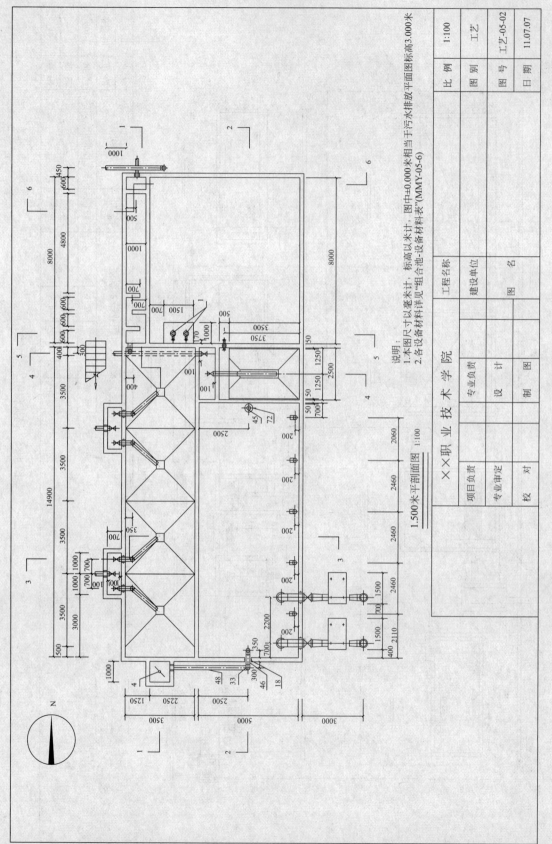

说明:
1. 本图尺寸以毫米计, 标高以米计, 图中±0.000米相当于污水排放平面图标高3.000米
2. 各设备材料详见"组合池设备材料表"(MMY-05-6)

1.500米平剖面图 1:100

××职业技术学院				工程名称				比 例	1:100
项目负责		专业负责		建设单位				图 别	工艺
专业审定		设 计			图 名			图 号	工艺-05-02
校 对		制 图						日 期	11.07.07

图 4-86　1.500 米平剖面图

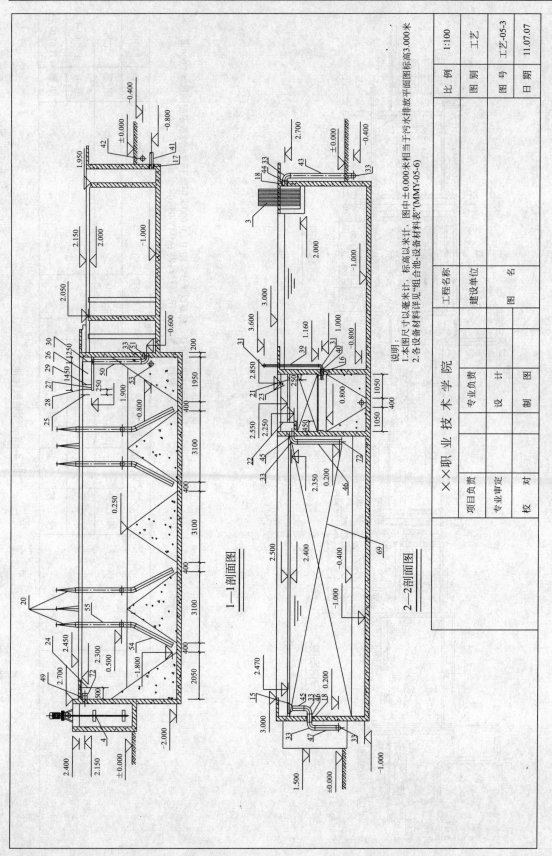

图 4-87 二沉池剖面图

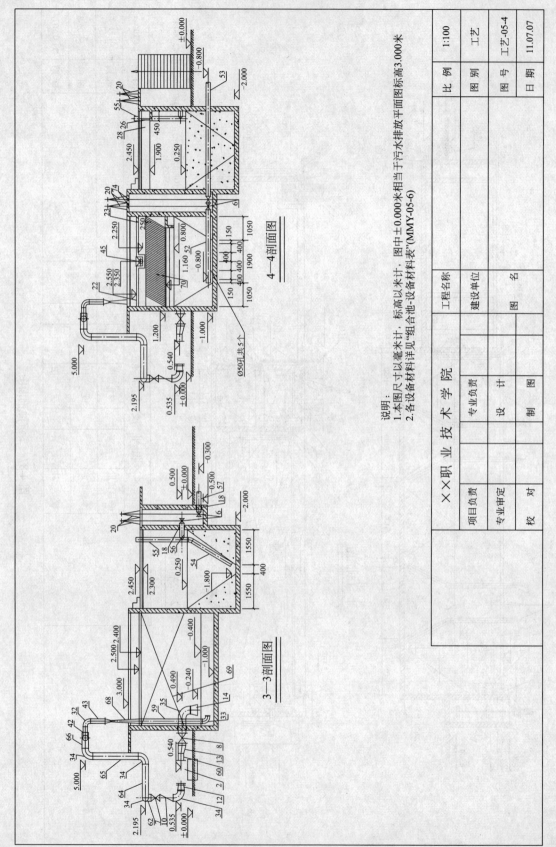

图 4-88　接触氧化池

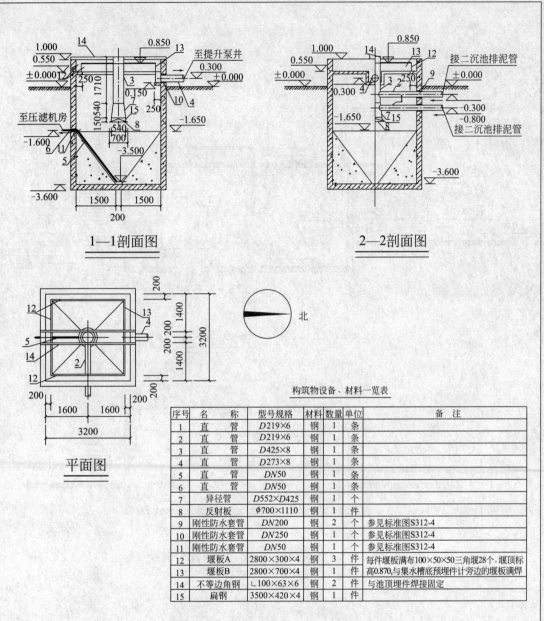

1—1剖面图

2—2剖面图

平面图

北

构筑物设备、材料一览表

序号	名　称	型号规格	材料	数量	单位	备　注
1	直　管	D219×6	钢	1	条	
2	直　管	D219×6	钢	1	条	
3	直　管	D425×8	钢	1	条	
4	直　管	D273×8	钢	1	条	
5	直　管	DN50	钢	1	条	
6	直　管	DN50	钢	1	条	
7	异径管	D552×D425	钢	1	个	
8	反射板	φ700×1110	钢	1	件	
9	刚性防水套管	DN200	钢	2	个	参见标准图S312-4
10	刚性防水套管	DN250	钢	1	个	参见标准图S312-4
11	刚性防水套管	DN50	钢	1	个	参见标准图S312-4
12	堰板A	2800×300×4	钢	3	件	每件堰板满布100×50×50三角堰28个,堰顶标
13	堰板B	2800×700×4	钢	1	件	高0.870,与集水槽底预埋件计旁边的堰板满焊
14	不等边角钢	∟100×63×6	钢	2	件	与池顶埋件焊接固定
15	扁钢	3500×420×4	钢	1	件	

说明：
1. 本图尺寸以毫米计，标高以米计，图中±0.000米相当于污水排放平面图标高3.000米；
2. 堰板安装后，将堰口打磨光滑，然后堵住集水槽的总出口，槽内注入清水，一校准堰口水平，使堰口最大高差不大于1毫米；
3. 碳钢管道和部件以铸铁件安装后刷环氧底漆两道，环氧面漆两道防腐；
4. 水平管道两端和转弯处以及中间每隔1.5米设一支墩或支架；垂直管道两端及中间每隔1.5米设一管卡。

××职业技术学院		工程名称		比例	1:100
项目负责	专业负责	建设单位		图别	工艺
专业审定	设　计	图　名		图号	工艺-06
校　对	制　图			日期	11.07.07

图 4-89　污泥浓缩池

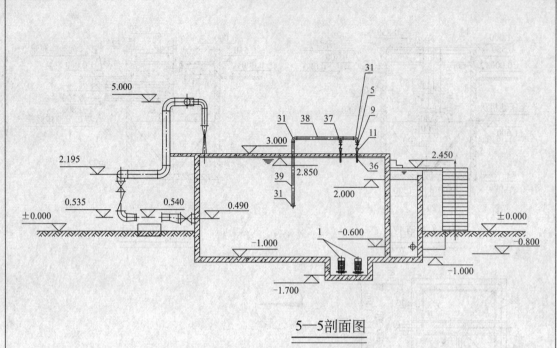

5—5剖面图

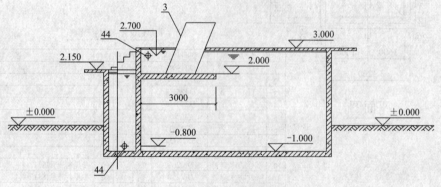

6—6剖面图

说明:
1.本图尺寸以毫米计,标高以米计,图中±0.000米相当于污水排放平面图标高3.000米
2.各设备材料详见"组合池-设备材料表"(MMY-05-6)

××职业技术学院		工程名称		比 例	1:100
项目负责	专业负责	建设单位		图 别	工艺
专业审定	设 计	图 名		图 号	工艺-05-5
校 对	制 图			日 期	11.07.07

图 4-90 调节池

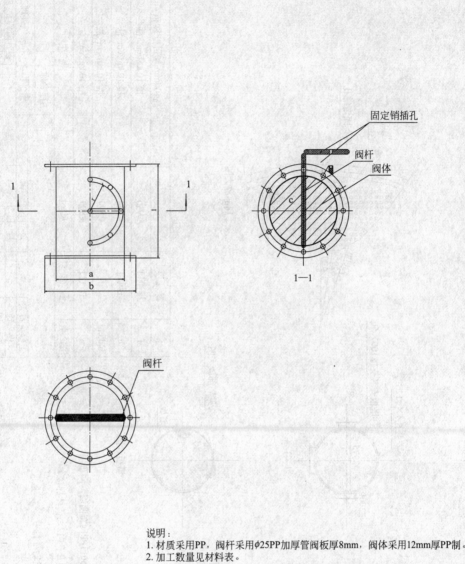

说明:
1. 材质采用PP,阀杆采用ϕ25PP加厚管阀板厚8mm,阀体采用12mm厚PP制。
2. 加工数量见材料表。

l	风阀长度	l=b	
r	固定销插孔到中心距离	a/2-5	
c	阀板直径	a-4	
b	法兰直径	和风管法兰尺寸一致	
a	通径	和风管尺寸一致	
编 号	名 称	尺 寸	备 注

				工程名称			
				项目	废气处理工程		
工程负责人		月 日					
设 计		月 日	图名		设计阶段	施工图	
制 图		月 日			设计专业	工艺	
校 核		月 日	调风阀加工图	比 例			
审 核		月 日		气施-27			
审 定		月 日					
批 审		月 日		第 11 张	共16张		

图 4-91 调风阀加工图

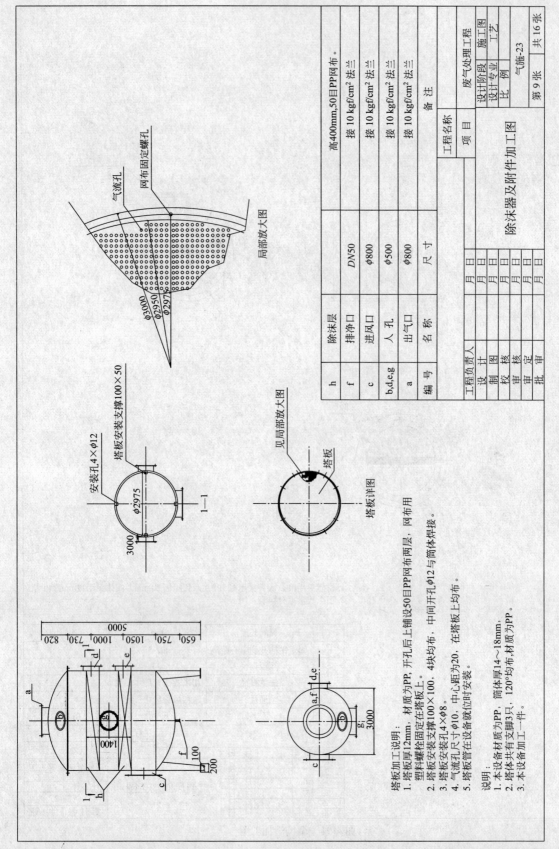

编号	名称	尺寸	备注
a	出气口	Φ800	接 10 kgf/cm² 法兰
b,d,e,g	人孔	Φ500	接 10 kgf/cm² 法兰
c	进风口	Φ800	接 10 kgf/cm² 法兰
f	排净口	DN50	接 10 kgf/cm² 法兰
h	除沫层		高400mm,50目PP网布。

工程名称		废气处理工程
项 目		除沫器及附件加工图
工程负责人	月 日	设计阶段	施工图
设 计	月 日	设计专业	工 艺
制 图	月 日	比 例	
校 核	月 日		气施-23
审 定	月 日	第 9 张	共 16 张
批	月 日		

塔板加工说明:
1. 塔板厚12mm, 材质为PP, 开孔后上铺设50目PP网布两层, 网布用塑料螺栓固定在塔板上。
2. 塔板安装支撑100×100, 4块均布, 中间开孔Φ12与筒体焊接。
3. 气流孔安装孔4×Φ8。
4. 气流孔尺寸Φ10, 中心距为20, 在塔板上均布。
5. 塔板管在设备就位时安装。

说明:
1. 本设备材质为PP, 筒体厚14~18mm.
2. 塔体共有支脚3只, 120°均布, 材质为PP。
3. 本设备加工一件。

图 4-92 除沫器及附件加工图

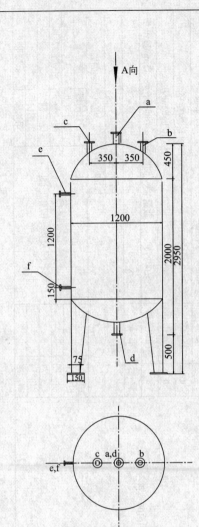

A向

立式贮槽

说明：
1. 立式贮槽加工三只，碱槽两只，氧化剂贮槽1只。
   碱槽2只装5%～20%的NaOH溶液，氧化剂槽1只装
   5%～10%高锰酸钾溶液。
2. 碱槽材质为碳钢，壁厚由生产厂家定。
3. 贮槽有三只支脚，呈120°均布。
4. 氧化剂贮槽材质为增强性聚丙烯。

e,f	液面计接口	DN25	外接 10 kgf/cm² 法兰
d	出口	DN32	外接 10 kgf/cm² 法兰
c	进口	DN32	外接 10 kgf/cm² 法兰
b	备用口	DN40	外接 10 kgf/cm² 法兰
a	进口	DN32	外接 10 kgf/cm² 法兰
编　号	名　称	尺　寸	备　注

工程名称		
工程负责人	月　日	项　目	废气处理工程
设　　计	月　日	设计阶段	施工图
制　　图	月　日	设计专业	工艺
校　　核	月　日	比　例	
审　　核	月　日	碱、氧化剂贮槽	气施-25
审　　定	月　日	(立式)加工图	
批　　审	月　日		第 13 张　共 19 张

图 4-93　碱、氧化剂贮槽（立式）加工图

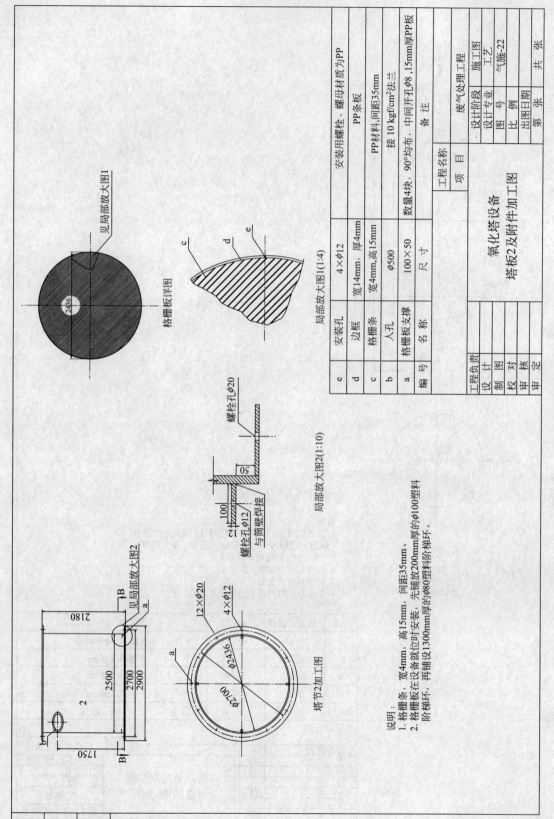

编号	名称	尺寸	备注
a	格栅板支撑	100×50	数量4块，90°均布，中间开孔ϕ8，15mm厚PP板
b	人孔	ϕ500	接10 kgf/cm²法兰
c	格栅条	宽4mm,高15mm	PP材料,间距35mm
d	边框	宽14mm，厚4mm	PP条板
e	安装孔	4×ϕ12	安装用螺栓、螺母材质为PP

局部放大图1(1:4)

见局部放大图1

格栅板详图

2436

局部放大图2(1:10)

螺栓孔ϕ20

螺栓孔ϕ12
与筒壁焊接

100

50

塔节2加工图

见局部放大图2

12×ϕ20

4×ϕ12

ϕ2436

ϕ2700

2180

2500

2700

2900

1750

说明:
1. 格栅条，宽4mm，高15mm，间距35mm。
2. 格栅板就在设备就位时安装。先铺放200mm厚的ϕ100塑料阶梯环，再铺设1300mm厚的ϕ80塑料阶梯环。

		工程名称			
		项　目	废气处理工程		
工程负责		设计阶段	施工图		
设　计		设计专业	工艺		
制　图		图　号	气施-22		
校　对		比　例			
审　核		出图日期			
审　定		第　张	共　张		

氧化塔设备
塔板2及附件加工图

图 4-94　吸收塔设备塔节 2 及附件加工图

第五章 布图与图形输出

图纸绘制完成后，为了便于指导和交流，需要打印。而绘制好的图形要经过布图后才可以输出打印。本章主要介绍图纸的布图和打印的方法。

第一节 多比例布图

在绘制某些图形时，需要在同一张图样上绘制多个比例不同的图形，将多个比例的图形打印在一张图样上，可以使用多比例布图的方式。本节以第四章第六节"吸收塔设备加工图"为例。

一、模型空间与图纸空间

在 AutoCAD 中提供了两个工作空间，分别是模型空间和图纸空间。前面绘图就是在模型空间进行的。单击"布局1"或"布局2"选项卡可以进入图纸空间。单击绘图界面左下角的"模型"选项卡或"布局"选项卡可以在模型空间之间进行切换，如图 5-1 所示。

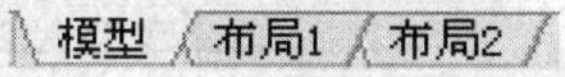

模型 布局1 布局2

图 5-1 切换选项卡

1. 模型空间

模型空间中的"模型"是指在 AutoCAD 中用绘制与编辑命令生成的代表现实世界物体的对象，是建立模型时所处的 AutoCAD 环境。人们使用 AutoCAD 首先在模型空间工作。通常在模型空间按照 1:1 进行设计绘图。

2. 图纸空间

图纸空间的"图纸"与真实的图纸相对应，图纸空间是设置、管理视图的 AutoCAD 环境。在图纸空间可以按模型对象不同方位显示视图，按合适的比例在"图纸"上表示出来。在模型空间绘制完图纸后，进入图纸空间，规划视图的位置与大小，将具有不同比例图元的视图在一张图纸上表现出来。

当启动 AutoCAD 后，默认处于模型空间，绘图窗口下面的"模型"选项卡是激活的；而图纸空间是未被激活的。尽管模型空间只有一个，但用户却可以为图形创建多个布局图，以适应各种不同的要求。

单击"布局"选项卡，屏幕上出现一张已完成布局的模拟图纸，这时 AutoCAD 表示为"图纸空间"，如图 5-2 所示。图中包含图形的四边形框称为"视口"，里面显示的内容是"吸收塔设备加工图"。图中虚线为打印边界，表示打印范围，它的大小与当前选择的打印机型号及设置有关，只有虚线内的对象才能被打印到图纸上。虚线内还有一个矩形实线框，它表示视口的边界，这个实线框本身并不打印到图纸上。虚线范围内可以有多个视口，各

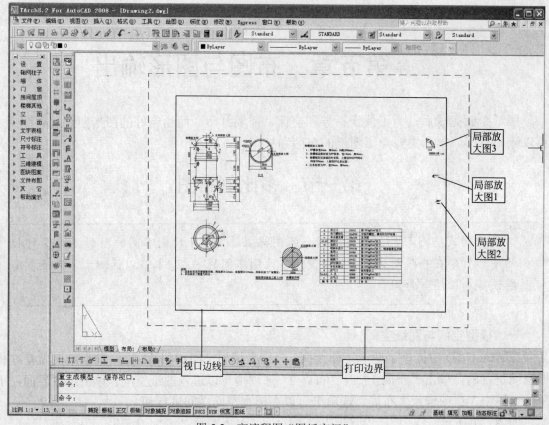

图 5-2 高流程图"图纸空间"

视口内的图形比例可以不同，而文字、符号等注释性对象却可以保持相同的大小。这就是能实现多比例布图的关键。

二、定义视口

用天正建筑的定义视口命令进行多比例布图操作。打开第四章第六节绘制的"吸收塔设备加工图"。如果使用"定义视口"这种方法布图的话，则不用将各组局部放大图分别制成图块，按比例进行放大。读者只需要按照 1:1 的比例绘制包括各组局部放大图在内的全部内容，并在天正比例设置的下拉列表调整比例，标注各自的文字与尺寸即可。为了方便布图，在模型空间中，各图之间的距离不要过于紧密，如图 5-2 所示的布局。

首先选中"布局 1"选项卡的现有视口，使用【Del】键删除，视口中的所有对象也随之删除。值得说明的是：这里删除的只是视口，模型空间绘制的内容还是存在的。接下来新建视口，定义视口启动方法：

（1）单击天正菜单"文件布图"→"定义视口"；

（2）在命令行输入"DYSK"，按【回车】或【空格】键；

（3）单击工具栏中图标▦。

命令激活后，自动切换到模型空间，命令行提示：

（1）"输入待布置的图形的第一个角点<退出>:"点击待布置的图形的左下角；

（2）"输入另一个角点<退出>:" 点击待布置的图形的右上角；

（3）"图形的输出比例1:<60>:"输入比例。

完成上述操作后会自动回到图纸空间，单击确定视口在图纸中的位置。

【例5-1】 将吸收塔设备加工图除3组局部放大图外的图元按1:100的比例定义视口。

（1）启动定义视口命令；

（2）"输入待布置的图形的第一个角点<退出>:"点击平面图，如图5-3点A；

（3）"输入另一个角点<退出>:" 点击如图5-3点B；

（4）"图形的输出比例1:<60>:"输入比例"100"；

（5）恢复缓存的视口 – 正在重生成布局；

（6）在图纸空间点击视口的位置。

【例5-2】 将吸收塔设备加工图的"局部放大图3"按1:5的比例定义视口。

（1）启动定义视口命令；

（2）"输入待布置的图形的第一个角点<退出>:"点击"局部放大图3"的左下角；

（3）"输入另一个角点<退出>:" 点击"局部放大图3"的右上角（注意视口要包括图名标注等文字内容）；

（4）"图形的输出比例1:<5>:"【回车】键表示采用1:5的比例；

（5）恢复缓存的视口 – 正在重生成布局；

（6）在图纸空间点击视口的位置，如图5-3点C。

用同样的方法，将另外2个局部放大图布置到图纸空间中，这样就会有4个视口，如图5-4所示。读者放大视图，比较4个视口中的标注内容，如数字，可以看到它们是一样大的。

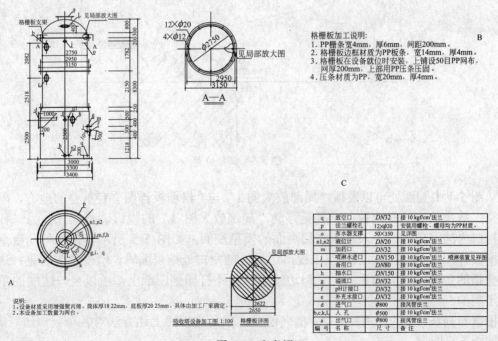

图5-3　定义视口

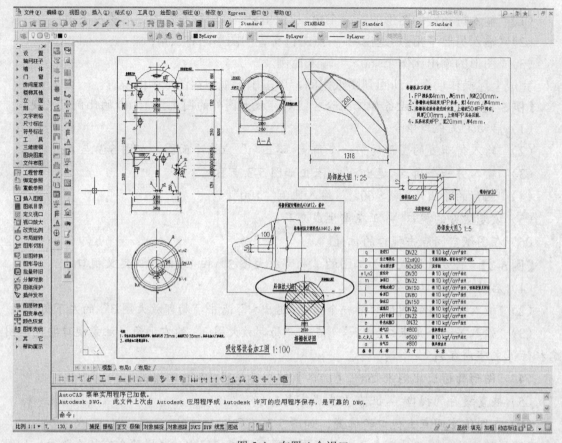

图 5-4　布置 4 个视口

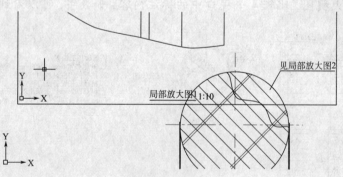

图 5-5　调整位置

　　从图 5-4 中圆圈处可以发现"局部放大图 1"与"格栅板详图"有重叠的地方，需要进行调整。解决的方法有两种：一种是移动"局部放大图 1"的视口调整位置；另一种是双击大视口内的空白处，进入嵌入布局页面的模型空间，如图 5-5 所示。使用移动命令移动"格栅板详图"。调整结束后，双击视口边界外的空白处结束编辑。值得说明的是：这里说的重叠指的是图元之间的重叠，视口边线本身并不打印到图纸上，所以视口边线的重叠是没有影响的。

　　根据布局按 1:1 的比例插入 A4 横向图框，然后再按照上述方法对各个视口进行调整，完成如图 5-6 所示。

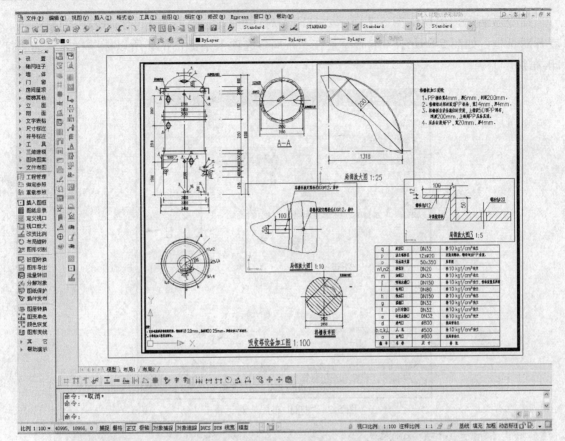

图 5-6　完成"吸收塔设备加工图"

第二节　图形输出

图形输出是整个绘图工作的最后一个环节。本节主要介绍图纸打印的方法。

上一节介绍了多比例布图的内容。在软件中绘图对象在模型空间设计时都是按 1:1 的实际尺寸创建的，当全图只使用一个比例时，不必使用复杂的图纸空间布图，直接在模型空间按比例插入图框就可以出图了。如果全图出现多个不同的比例，可以建立多个视口，在图纸空间插入图框进行出图。无论采用模型空间还是采用布局空间，图形输出（即打印）的方法是相同的，本节以在图纸空间打印为例。

一、打印命令的启动

在 AutoCAD 2008 中，用户可以使用内部打印机或 Windows 系统打印机输出图形，并能方便地修改打印机设置及其他打印参数。启动方法：

（1）单击菜单"文件"→"打印"；

（2）在命令行输入"Plot"或"Print"，按【回车】或【空格】键；

（3）单击标准工具栏中图标 。

命令激活后，出现如图 5-7 所示"打印"对话框，点击"打印"对话框中的⊙按钮，展开对话框，如图 5-8 所示（本命令是在"布局"选项卡下激活的，所以标题栏名称为"打印-布局"）。

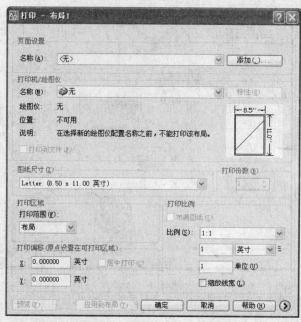

图 5-7 "打印-布局"对话框

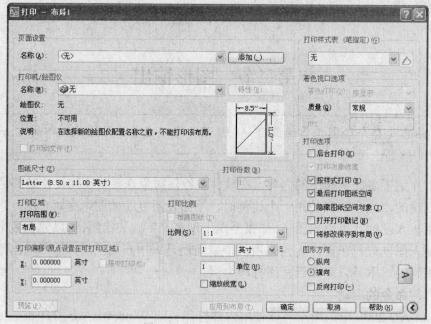

图 5-8 "打印-布局"对话框

二、选择打印设备

在"打印机/绘图仪"区内的"名称"下拉列表中列出了可用的打印机，用户可以从中进行选择，以打印当前布图，如图 5-9 所示。

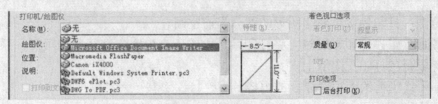

图 5-9　选择打印设备

三、图纸尺寸

在"图纸尺寸"区的下拉列表中选择图纸大小；在"打印份数"区中确定打印份数，如图 5-10 所示。如果选定了某种打印机，AutoCAD 会将此打印驱动里的图纸信息自动调入"图纸尺寸"的下拉列表中供用户选择。在预览窗口，将精确地显示出相对应于图纸尺寸和可以打印区域的有效打印区域。

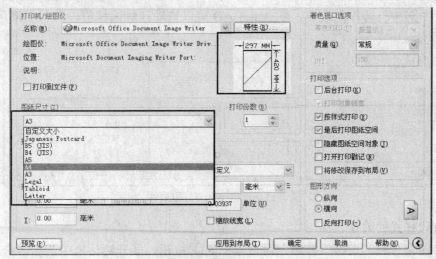

图 5-10　设置图纸尺寸

四、图形方向

在"图形方向"区中设置图形在图纸上的打印方向，如图 5-11 所示。各选项说明如下。

（1）纵向：图纸纵向。

（2）横向：图纸横向。

（3）反向打印：上下颠倒地放置并打印图形。

五、打印区域

在"打印区域"区中下拉菜单选择要打印的范围，如图 5-12 所示。各选项说明如下。

（1）窗口：打印用户自己设定的打印区域。选择此选项后，系统将提示指定打印区域的两个角点。

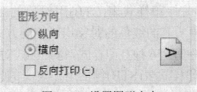

图 5-11　设置图形方向

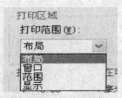

图 5-12　打印区域

（2）范围：打印包含对象的图形的部分当前空间。

（3）图形界限：打印布局时，将打印区域内的所有内容。选择此选项后，系统将把设定的图形界限范围打印在图纸上。

（4）显示：当前绘图窗口显示的内容。

默认设置为"布局"（当"布局"选项卡激活时），或为"显示"（当"模型"选项卡激活时）。

六、打印比例

在"打印比例"区中，控制图形单位与打印单位之间的相对尺寸。打印布局时，默认缩放比例设置为1:1。可以在"比例"对话框中定义打印的精确比例。用户可以通过"自定义"选项，自己指定打印比例，如图5-13所示。

七、打印偏移

在"打印偏移"区内输入X、Y的偏移量，以确定打印区域相对于图纸原点的偏移距离；若选中"居中打印"复选框，则AutoCAD可以自动计算偏移值，并将图形居中打印，如图5-13所示。

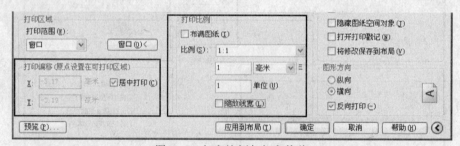

图5-13　打印比例与打印偏移

八、打印样式的编辑

激活打印命令后，点击"打印"对话框中的 ⊙ 按钮，展开对话框中的更多选项，显示"打印样式表（笔指定）"选项区。

1. 打印样式概述

与线型和颜色一样，打印样式也是对象特性。可以将打印样式指定给对象或图层。打印样式控制对象的打印特性，包括颜色、抖动、灰度、笔号、虚拟笔、淡显、线型、线宽、线条端点样式、线条连接样式和填充样式等。

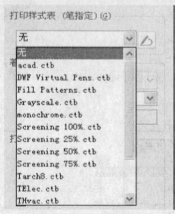

图5-14　打印样式表

使用打印样式给用户提供了很大的灵活性，因为用户可以设置打印样式来替代其他对象特性，也可以按用户需要关闭这些替代设置。打印样式组保存在以下两种打印样式列表中：颜色相关 (CTB) 或命名 (STB)。颜色相关打印样式表根据对象的颜色设置样式。命名打印样式可以指定给对象，与对象的颜色无关。

（1）颜色相关打印样式表(CTB)用对象的颜色来确定打印。例如，图形中所有的红色的对象均以相同方式打印。颜色相关打印样式表中有256种打印样式，每种样式对应一种颜色。

（2）命名打印样式表(STB)包括用户定义的打印样式。使用命名打印样式表时，具有相同颜色的对象可能会以不同方式打印，这取决于指定对象的打印样式。

2. 打印样式表

在打印样式表（笔指定）的下拉列表框中选择需要的打印样式，如图 5-14 所示。AutoCAD 2008 提供了多种打印样式表，天正建筑提供了一种打印样式，各样式表用途见表5-1。通常情况下，可以采用 Tarch8.ctb 打印样式。

表 5-1 打印样式表用途

文件夹名	文件夹用途
acad.ctb	适用于打印默认的打印样式
DWF Virtual Pens.ctb	AutoCAD2004 中第一次使用的打印样式表
Fill Patterns.ctb	填充对象区域
Grayscale.ctb	可以调节 255 种不同灰度的对象颜色
monochrome.ctb	应用于黑白打印/若设备是黑白打印应指定为此选项
Screening 100%.ctb	对所有颜色使用 100%墨水
Screening 25%.ctb	对所有颜色使用 25%墨水
Screening 50%.ctb	对所有颜色使用 50%墨水
Screening 75%.ctb	对所有颜色使用 75%墨水
Tarch8.ctb	天正建筑 8.2 的打印样式
TElec.ctb	天正电气 8.2 的打印样式
THvac.ctb	天正暖通 8.2 的打印样式

3. 编辑打印样式表

单击"编辑" 按钮，打开"打印样式表编辑器"对话框，如图 5-15 所示，修改打印样式表中的打印样式。如果打印样式被附着到"模型"或"布局"选项卡，并且修改了打印样式，那么，使用该打印样式命令，则文件扩展名为 STB。

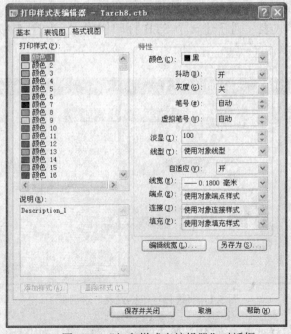

图 5-15 "打印样式表编辑器"对话框

在"格式视图"选项卡中，包含颜色的特性。可以在选择不同的颜色后，在特性选项区，设置线宽和线型等特性。

设置完成后，单击 保存并关闭 按钮，结束设置。也可以单击 另存为(S)… 按钮，将设置另存在新的路径中，以便下次设定同样的样式表时，可以准确而又迅速地找到所需的打印样式表。

4. 新建 CTB 打印样式表

在 AutoCAD 系统中，包含了多种打印样式表，除了可以使用这些系统自带的打印样式表外，用户还可以自定义打印样式表。

（1）单击主菜单"工具"→"向导"→"添加打印样式表"，如图 5-16 所示。选择"创建新打印样式表(S)"，单击 下一步(N) > 按钮。

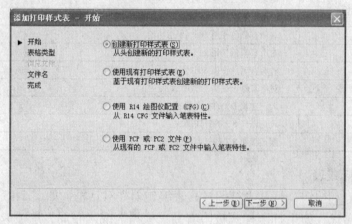

图 5-16 "添加打印样式表"对话框

（2）在"表格类型区"中选择"颜色相关打印样式表"则新建一个 CTB 打印样式表，如果选择"命名打印样式表"则新建一个 STB 打印样式表，如图 5-17 所示。这里选择"颜色相关打印样式表"，单击 下一步(N) > 按钮。

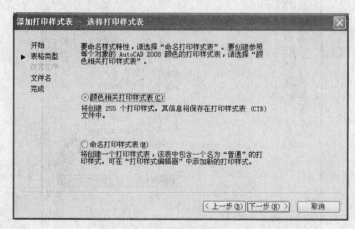

图 5-17 "选择打印样式表"对话框

（3）输入新建打印样式的文件名，单击 下一步(N) > 按钮，如图 5-18 所示。

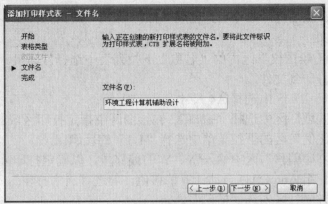

图 5-18　输入文件名

（4）单击 ┌打印样式表编辑器(S)...┐ 按钮，打开"打印样式编辑器"对话框，进行详细设定。也可以单击 ┌完成(F)┐ 按钮结束添加 CTB 类型打印样式过程，如图 5-19 所示。若希望此打印环境适用于其他新建图形或当前图形，可以勾选"对新图形和 AutoCAD 2008 之前的图形使用此打印样式表"选项。

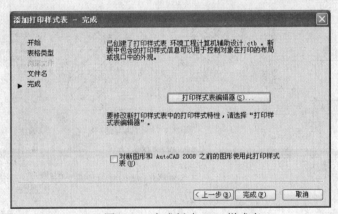

图 5-19　完成新建 CTB 样式表

新建 STB 打印样式表的方法与新建 CTB 打印样式表的方法类似，这里不做赘述。

九、打印预览

设置完打印参数后，就可以打印图纸了。但在之前，通常要通过 ┌预览(P)...┐ 按钮预览观察图形的打印效果。如果不合适可以重新进行设置。预览结束后，可以按【Esc】或【回车】键返回"打印"对话框。

第三节　打印输出

> 本节以吸收塔设备加工图为例，介绍打印输出的步骤。

吸收塔设备加工图使用多比例布图的方式进行绘制，所以打印将在布局模式下进行。如果全图只使用一个比例时，不必使用复杂的图纸空间布图，直接在模型空间按比例插入图框就可以出图了。激活打印命令后，出现"打印-布局"对话框（图 5-8），可以参照下列步骤进行设定后打印。

（1）在"打印机/绘图仪"区内的"名称"下拉列表中选择打印机。如果要将图形输出到文件，则勾选"打印到文件"。

（2）在"图纸尺寸"区中选择 A4 尺寸。

（3）在"打印区域"区中选择"窗口"，在绘图区中指定打印区域的两个对角点。

（4）在"打印比例"区的下拉菜单中选择"1:1"的比例。

（5）可以在"打印偏移"区中输入 X、Y 的偏移量，以确定打印区中相对于图纸原点的偏移距离。本节使用 AutoCAD 自动计算偏移值，勾选"居中打印"。

（6）在"图形方向"区勾选"横向"。

（7）在"打印样式表"中选择需要的打印样式表，有关如何创建打印样式见本章第二节。

（8）单击 预览(P)… 按钮，即可按图纸上将要打印出来的样式显示图形，如图 5-20 所示。可以按【Esc】或【回车】键返回"打印"对话框。右击激活的快捷菜单，选择"打印"选项进行打印。

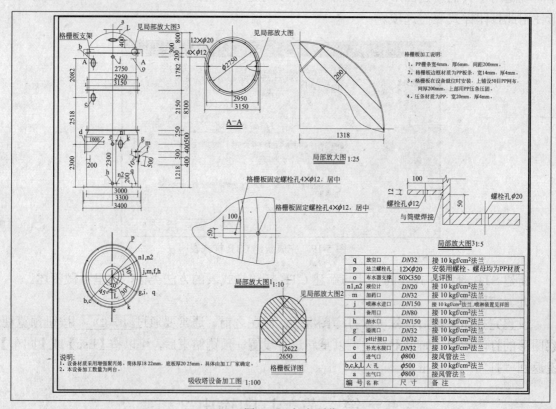

图 5-20　打印预览

习　题

1. 用多比例布图的方法绘制第四章习题的"除沫器及附件加工图"。

2. 用多比例布图的方法绘制第四章习题的"吸收塔设备塔节 2 及附件加工图"。

附　录

附录1　AutoCAD快捷命令修改方法

AutoCAD 的快捷键是提高了速度，但是基本上要用左手控制所有字母键盘，所以有右手控制的快捷键使用起来不太方便。为使 AutoCAD 操作更快捷，更加适合左手操作键盘，右手操作鼠标的使用要求，可以对 AutoCAD 的快捷键进行修改。更改如下。

一、激活程序参数

"acad.pgp" 是 AutoCAD 的编辑程序参数文件。主要用来说明和编辑修改 AutoCAD 的系统和操作命令。其中很重要的作用是设置快捷命令，用户可以在这里熟悉缺省设定的快捷命令，也可以自行修改快捷命令。打开该文件有以下方法：

（1）单击主菜单"工具"→"自定义"→"编辑程序参数（acad.pgp）"；

（2）进入 AutoCAD 安装目录下的文件夹中的\AutoCAD 2008\UserDataCache(这个是隐藏文件，需要取消隐藏才能显示出这个文件)\Support，找到 acad.pgp，用记事本打开。

二、更改命令

打开 acad.pgp 文件界面后，下拉对话框至中间位置，如附图 1-1 所示。很明显可以看出，前面的字母就是快捷键，后面的是命令全称。用户可以根据自己的特点进行修改。

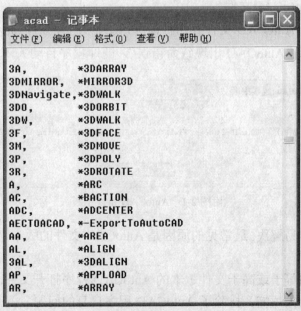

附图 1-1

快捷键命令的格式是：快捷键，*原始命令。例如：旋转命令原来是"RO，*ROTATE"，可以改为"R，*ROTATE"。用同样的方法，将复制命令的快捷键从原来的"CO"改为"C"，将快捷命令简化到左手。注意相同字母不能拥有两个命令，所以原本属于圆命令的快捷键"C"要改为"CR"了。

值得说明的是：这里的标点符号必须是在英文状态下输入的。

三、快捷命令生效

更改后，重启动软件使更改生效。或者在不关闭软件的情况下，在命令行输入 reinit，按【回车】或【空格】键。激活"重新初始化"对话框，勾选"PGP 文件选项"。

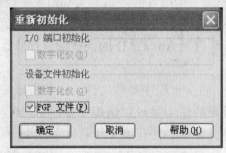

附图 1-2 "重新初始化"对话框

附录2 AutoCAD常见四个问题的解决方法

随着计算机应用的发展，AutoCAD 软件在各个行业中得到了越来越广泛的应用。在绘图中，往往会碰到各种各样的问题。本文就常见的以下四个问题，提出个人的解决方法。

一、无法打开AutoCAD文件

常见的无法打开 AutoCAD 文件有两种情况：①打开文件后，提示"图形文件无效"；②打开文件，就提示"AutoCAD 出现致命错误"，随即程序自动关闭如附图 2-1。

附图 2-1 AutoCAD 错误中断

第一种情况较容易解决。最常见的原因是 AutoCAD 文件的版本高于打开文件的程序的版本。

解决的方法是用等于或高于文件版本的 AutoCAD 程序打开文件。

第二种情况较让人烦恼。排除了 AutoCAD 程序自身的问题，就是 AutoCAD 文件的问题。AutoCAD 对作图环境要求较高，有些时候程序开启过多，有时候操作失误或打开图形过大，有时候版本转换、块的插入等因素会导致图形损坏而发生各种各样的致命错误。可以通过以下的几种方法解决。

1. 修复文件

打开"文件"→"修复(R)"或"文件"→"绘图实用程序(U)"→"修复(R)"，弹出如附图 2-2 所示的对话框。选择需要修复的图形文件，点击"打开"按钮，AutoCAD 将对该图形文件进行修复。

附图 2-2　修复文件对话框

2. 巧用备份文件

找到与该文件同名的、后缀名为 bak 的文件。例如要修复的文件是"01.dwg"，找到与其同名的备份文件"01.bak"。它保存着上一次保存前所做的全部修改。将"01.bak"文件更改为后缀名为".dwg"的文件，接着用 AutoCAD 打开。采用这种方法可以恢复到前一次保存的内容。

3. 从"加载"下手

致命错误出现以后，新建一个 CAD 文件，然后打开需要修复的文件，在文件读取的瞬间多次按下【Esc】键，这样做的目的是阻止 AutoCAD 菜单实用程序的加载，也会打开一些已损坏的文件。接下来在命令行中输入"Dxfin"，选择刚刚输出的文件，成功加载后进行保存，这样也会解决一些错误问题。

出现致命错误的原因很多，最关键是要常做保存和备份。

二、文字显示为问号或乱码

打开文件后，发现中文字体显示为问号或乱码。出现这种情况，一般都是字体样式的问题。

1. 加载正确的文字样式打开文件

出现上述情况，往往在打开 CAD 文件时，会出现如附图 2-3 所示的对话框。有安装天正软件的用户，可以选择"hztxt.shx"字体。如果没有该字体，可以选择"gdcbig.shx"字体。如何一劳永逸地解决这个问题呢？可以采用下面的第二种方法"修改字体样式"。

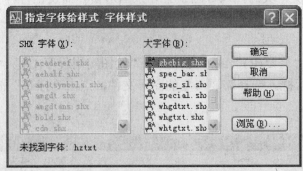

附图 2-3 "指定字体样式"对话框

2. 修改字体样式

首先通过"特性"对话框查询字体的文字样式，如附图 2-4 所示。接着打开"文字样式"对话框，找到相应的文字样式。如果文字样式如附图 2-5 所示，字体名字前面没有字体图标，则表示 CAD 字体库里面没有该字体，所以在打开 CAD 文件时，就会出现附图 2-3 的对话框，让用户加载正确的字体。

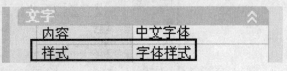

附图 2-4 查询字体样式

在"文字样式"对话框中，如附图 2-5 所示，在"大字体"的下拉菜单中选择合适的字体，如"gdcbig.shx"字体。值得注意的是，如果在下拉菜单中选择了不恰当的字体文件，则显示的效果是乱码。当然也可以下载缺少的文字（如"hztxt.shx"）到 AutoCAD 安装路径下的 Fonts 文件夹。

附图 2-5 "文字样式"对话框

另一种情况是在开打文件时，已经在附图 2-3 的对话框中选择了相应的字体文件了。但是绘图区中的中文字体仍然显示为问号或乱码。使用前面的方法查询字体样式，并在"文字样式"对话框中找到该文字样式。如附图 2-6 所示，解决方法如上面所述，这里不再赘述。

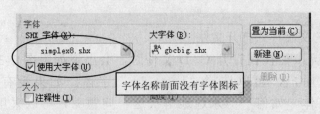

附图 2-6 "文字样式"对话框

三、去除AutoCAD中去掉教育版的印记

有时候会碰到 CAD 打印时出现"由 AUTODESK 教育版产品制作"戳记。用非教育版的 AutoCAD 软件打印有打印戳记出现，就表示曾经插入或引用了曾用教育版软件绘制的文件元素（即使是一条线，都会出现问题），所以会像病毒一样不断的通过一个简单的 AutoCAD 元素扩展到你的任何一个文件（在不知不觉中）。对于已经感染了 AutoCAD 教育版的打印戳记问题的文件，可以用以下办法简单去除。

（1）用非教育版的 AutoCAD 打开文件；

（2）将"dwg"格式的文件另存为"dxf"格式；

（3）关闭 AutoCAD，然后再重新打开 AutoCAD；

（4）打开刚保存的"dxf"格式文件，再另存为"dwg"格式，即可去除打印时的 Autodesk 教育版戳记。

这样转换容易出现错误，可以使用"修复"命令修复文件。

四、边界闭合却无法填充

有时，填充会碰到边界闭合却无法进行填充的情况。如附图 2-7 所示，需要双线的中间部分，该部分是闭合的边界。使用"填充"→"拾取点"进行填充，出现附图 2-8 对话框。原因是需要填充的图形不在屏幕范围内，如附图 2-9 所示。解决办法：将需要填充的图形缩放至屏幕显示的范围内再进行填充，即如附图 2-7 所示。

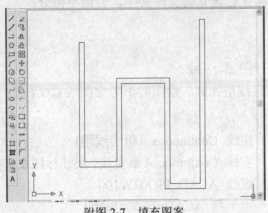

附图 2-7 填充图案

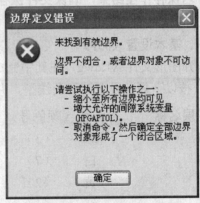

附图 2-8 边界定义错误对话框

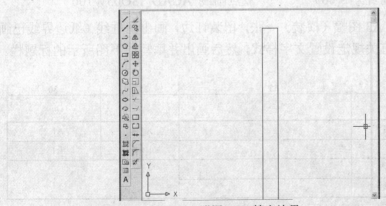

附图 2-9 填充边界

附录3　计算机辅助设计绘图员技能鉴定试题

计算机辅助设计技能鉴定，是对于从事设计领域工程技术人员应用计算机技能的考核，技能鉴定对于推行国家职业资格证书制度，促进就业具有非常重要的意义。考核本着统一标注、统一命题、统一考务管理、统一证书核发的原则。本附录提供《计算机辅助设计绘图员技能鉴定试题（机械类）》和《计算机辅助设计绘图员技能鉴定试题（建筑类）》两份样题。

计算机辅助设计绘图员技能鉴定试题（机械类）

考试说明：

1. 本试卷共 6 题；

2. 考生在考评员指定的硬盘驱动器下建立一个以自己准考证号码后 8 位命名的考生文件夹；

3. 考生在考评员指定的目录，查找"绘图员考试资源 A"文件，并据考场主考官提供的密码解压到考生已建立的考生文件夹中；

4. 然后依次打开相应的 6 个图形文件，按题目要求在其上作图，**完成后仍然以原来图形文件名保存作图结果，确保文件保存在考生已建立的文件夹中，否则不得分**；

5. 考试时间为 180 分钟。

一、基本设置（8分）

打开图形文件 A1.dwg，在其中完成下列工作。

1. 按以下规定设置图层及线型，并设定线型比例。绘图时不考虑图线宽度。

图层名称	颜色（颜色号）		线型
01	绿	（3）	实线 Continuous（粗实线用）
02	白	（7）	实线 Continuous（细实线、尺寸标注及文字用）
04	黄	（2）	虚线 ACAD_ISO02W100
05	红	（1）	点画线 ACAD_ISO04W100
07	粉红	（6）	双点画线 ACAD_ISO05W100

2. 按 1:1 比例设置 A3 图幅（横装）一张，留装订边，画出图框线（纸边界线已画出）。

3. 按国家标准的有关规定设置文字样式，然后画出并填写如下图所示的标题栏。不标注尺寸。

	30	55	25	30
	考生姓名		题号	A1
4×8=32	性别		比例	1:1
	身份证号码			
	准考证号码			

4. 完成以上各项后，仍然以原文件名保存。

二、用1:1比例作出下图，不标注尺寸（10分）

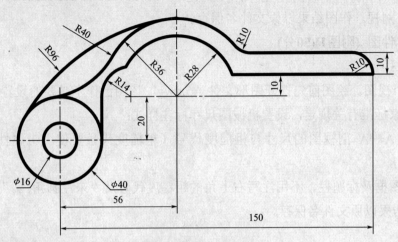

绘图前先打开图形文件 A2.dwg，该图已作了必要的设置，可直接在其上作图，作图结果以原文件名保存。

三、根据已知立体的2个投影作出第3个投影（10分）

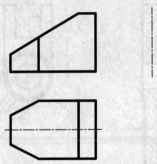

绘图前先打开图形文件 A3. dwg，该图已作了必要的设置，可直接在其上作图，作图结果以原文件名保存。

四、把下图所示立体的主视图画成半剖视图，左视图画成全剖视图（10分）

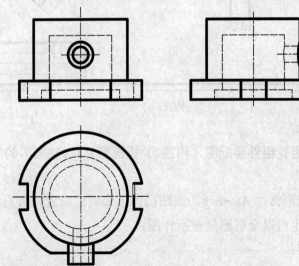

绘图前先打开图形文件 A4.dwg，该图已作了必要的设置，可直接在其上作图，主视图的右半部分取剖视。作图结果以原文件名保存。

五、画零件图 (附图1)(50分)

具体要求：

1. 画 2 个视图。绘图前先打开图形文件 A5.dwg，该图已作了必要的设置；

2. 按国家标准有关规定，设置机械图尺寸标注样式；

3. 标注 A—A 剖视图的尺寸与粗糙度代号（粗糙度代号要使用带属性的块的方法标注）；

4. 不画图框及标题栏，不用注写右上角的粗糙度代号及"未注圆角。。。"等字样）；

5. 作图结果以原文件名保存。

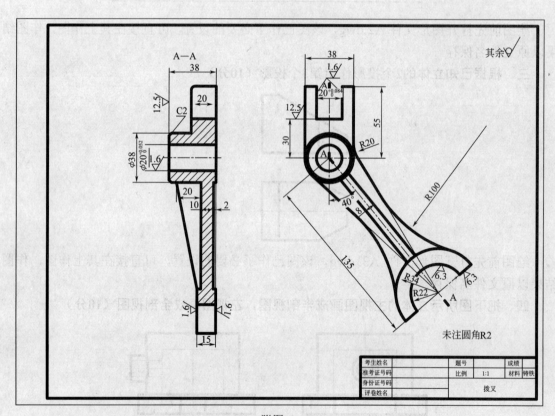

附图 1

六、由给出的结构齿轮组件装配图（附图2）拆画零件1（轴套）的零件图。（12分）

具体要求：

1. 绘图前先打开图形文件 A6.dwg，该图已作了必要的设置，可直接在该装配图上进行编辑以形成零件图，也可以全部删除重新作图；

2. 选取合适的视图；

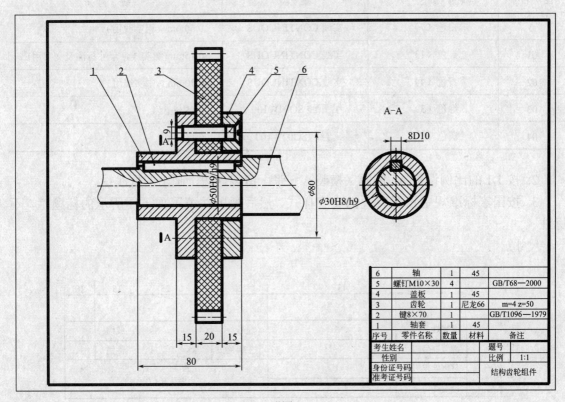

附图 2

3．标注尺寸。如装配图标注有某尺寸的公差代号，则零件图上该尺寸也要标注上相应的代号。不标注表面粗糙度符号和形位公差符号，也不填写技术要求。

计算机辅助设计绘图员技能鉴定试题（建筑类）A

考试说明：

1．本试卷共 4 题；

2．考生须在考评员指定的硬盘驱动器下建立一个以自己准考证后 8 位命名的文件夹；

3．考生在考评员指定的目录，查找"绘图员考试资源 02"文件，并据考场主考官提供的密码解压到考生已建立的考生文件夹中；

4．然后依次打开相应的 4 个图形文件，按题目要求在其上作图，**完成后仍然以原来图形文件名保存作图结果，确保文件保存在考生已建立的文件夹中，否则不得分**；

5．考试时间为 180 分钟。

一、基本设置（20分）

打开图形文件"第一题.dwg"，在其中完成下列工作。

1．按以下规定设置图层及线型，并设定线型比例：

图层名称	颜色（颜色号）	线　型	线　宽
0	白色（7）	实线 CONTINUOUS	0.60mm（粗实线用）
01	红色（1）	实线 CONTINUOUS	0.15mm(细实线，尺寸标注及文字用)
02	青色（4）	实线 CONTINUOUS	0.30mm（中实线用）
03	绿色（3）	点画线 SO04W100	0.15mm
04	黄色（2）	虚线 ISO02W100	0.15mm

2. 按 1:1 的比例设置 A3 图幅（横装）一张，留装订边，画出图框线；

3. 按国家标准规定设置有关的文字样式，然后画出并填写如下图所示的标题栏，不标注

尺寸；

| 25 | 45 | 20 | 25 | 15 | 10 |

考生姓名		题号		成绩	
准考证号码		出生年月日		性别	
身份证号码					
评卷姓名		（考生单位）			

（左侧标注：8×4=32）

4. 完成以上各项后，仍然以原文件名"第一题.dwg"保存。

二、抄画房屋建筑图。（60分）

1. 取出"第二题.dwg"图形文件；

2. 在已有的 1:100 比例图框中绘画第二页中的建筑施工图；

3. 不必绘画图幅线、图框线、标题栏和文字说明；

4. 绘画平面图中的门线，要求为与水平成 45°的中实线；

5. 填充图例画在细实线层；

6. 绘画完成后存盘，仍然以原文件名"第二题.dwg"保存。

三、几何作图。（10分）

1. 取出"第三题.dwg"图形文件；

2. 绘画第三页中 2-1 的几何图形，应按图示尺寸及比例绘出，不注尺寸；

3. 绘画完成后存盘，仍然以原文件名"第三题.dwg"保存。

四、投影图。（10分）

1. 取出"第四题.dwg"图形文件；

2. 绘画第四页中 2-2 图，按图示尺寸及比例绘出其两面投影，并求出第三投影，不注尺寸；

3. 绘画完成后存盘，仍然以原文件名"第四题.dwg"保存。

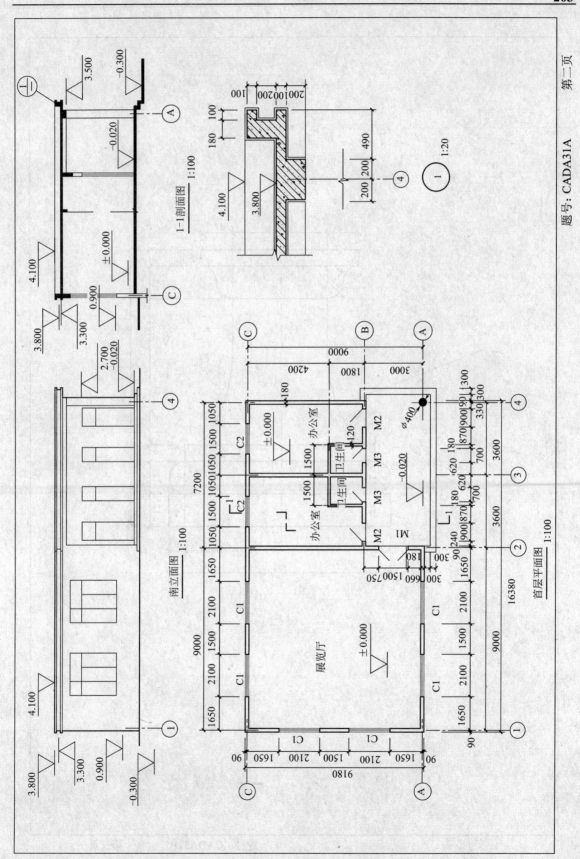

1-1剖面图 1:100

I 1:20

南立面图 1:100

首层平面图 1:100

展览厅 ±0.000

办公室 ±0.000

办公室

办公室

卫生间

卫生间

M1 M2 M3

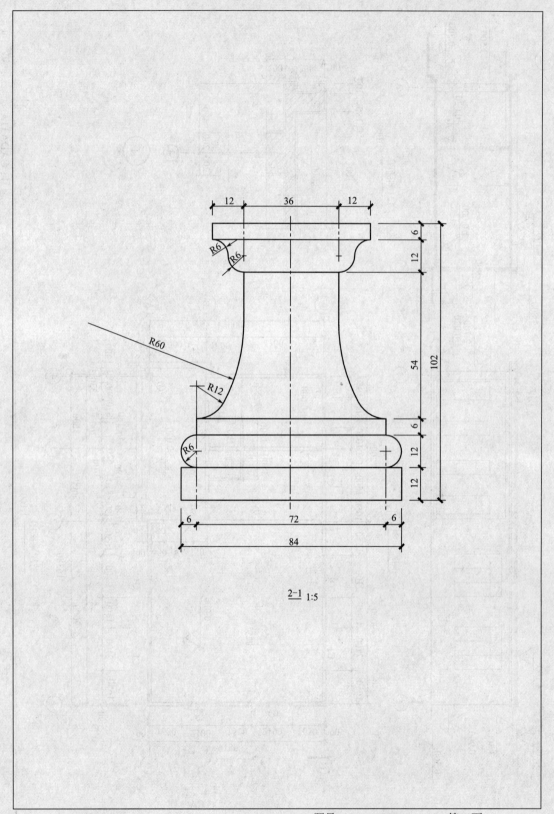

2-1 1:5

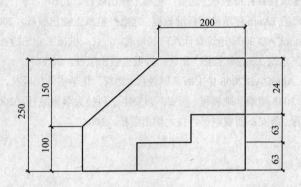

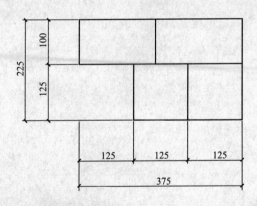

2-2 1:1

参 考 文 献

[1] 王春梅. 环境工程 CAD(含图集). 北京：化学工业出版社，2009.

[2] 胡仁喜，刘昌丽，张日晶. AutoCAD 2008 中文版建筑设计快速入门实例教程. 北京：机械工业出版社，2007.

[3] 麓山文化. TArch 8.0 天正建筑软件标准教程. 北京：机械工业出版社，2010.

[4] 陈柄汗. 中文 AutoCAD+天正 TArch 建筑绘图标准教程. 北京：机械工业出版社，2008.

[5] 杨立辉，赵京，孟志辉. AutoCAD 2008 建筑设计入门到精通. 北京：机械工业出版社，2008.

[6] 麓山文化. AutoCAD 和天正建筑 7.5 建筑绘图. 北京：机械工业出版社，2009.

[7] 姚辉学，鲁金忠，潘金彪. AutoCAD 2008 中文版基础教程. 北京：化学工业出版社，2008.

[8] 杜英滨. 中文版 AutoCAD 2008 精编基础教程. 西安：西安电子科技大学出版社，2008.

[9] 丁爱萍. AutoCAD 实用教程. 西安：西安电子科技大学出版社，2008.